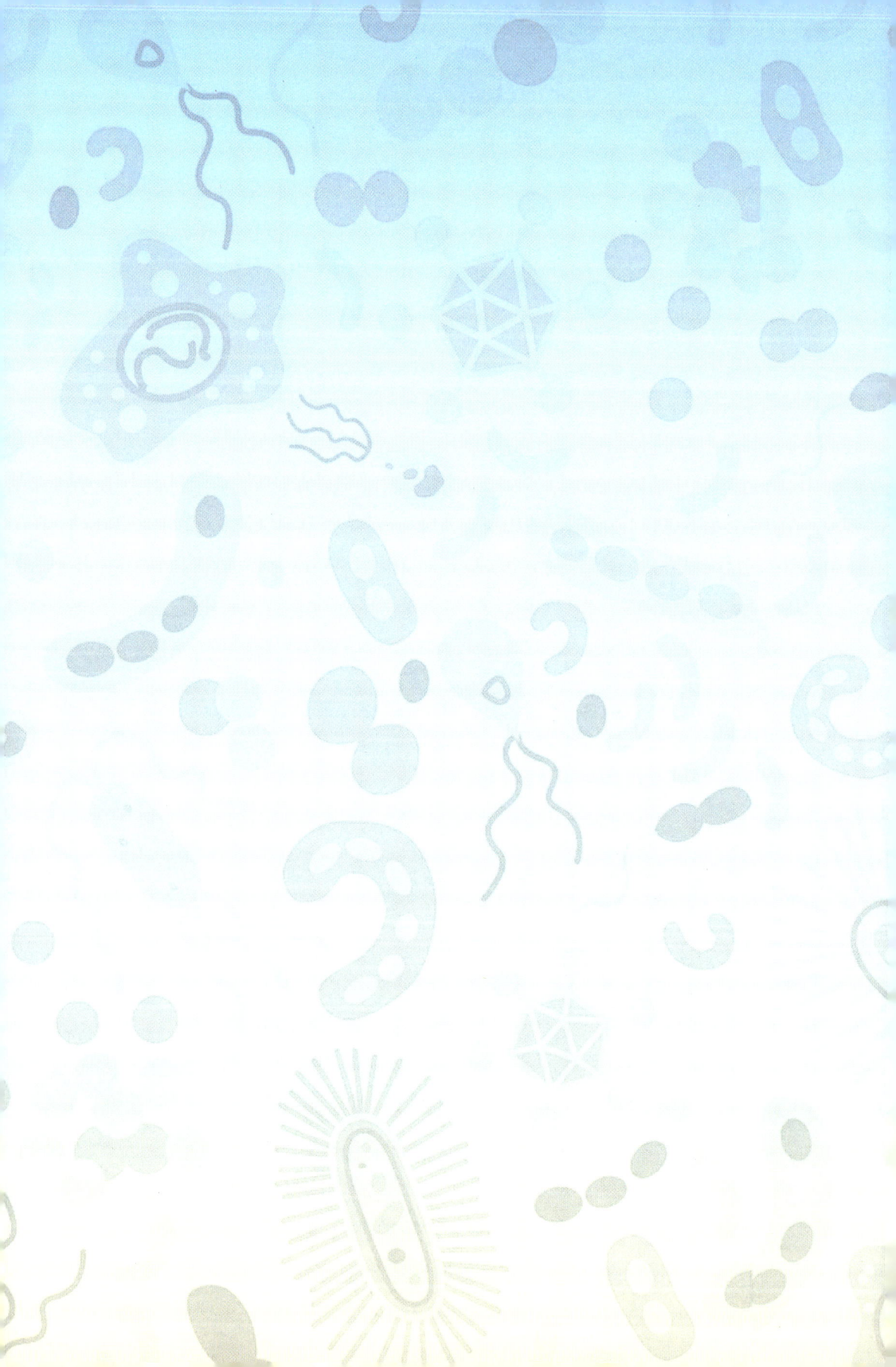

微生物——碳中和"小帮手"

姜娜 著

中国农业科学技术出版社

图书在版编目（CIP）数据

微生物：碳中和"小帮手"/ 姜娜著. -- 北京：中国农业科学技术出版社，2024.11
ISBN 978-7-5116-6678-9

Ⅰ.①微… Ⅱ.①姜… Ⅲ.①二氧化碳－节能减排－研究 Ⅳ.①X511

中国国家版本馆CIP数据核字（2024）第024567号

责任编辑	周　朋
责任校对	王　彦
责任印制	姜义伟　王思文

出 版 者	中国农业科学技术出版社 北京市中关村南大街12号　　邮编：100081
电　　话	（010）82103898（编辑室）　（010）82106624（发行部） （010）82109709（读者服务部）
网　　址	https://castp.caas.cn
经 销 者	各地新华书店
印 刷 者	北京中科印刷有限公司
开　　本	170 mm×240 mm　1/16
印　　张	8.75
字　　数	160千字
版　　次	2024年11月第1版　2024年11月第1次印刷
定　　价	58.00元

◆版权所有·侵权必究◆

前　言

> "气候定时炸弹正在嘀嗒作响。"
> ——联合国秘书长　安东尼奥·古特雷斯

全球变暖是一个全人类都在面临的严峻挑战，对我们的星球产生了广泛的影响。碳排放作为引起全球变暖的主要原因之一，已经成为各国政府和科学家们关注的焦点。2020年9月，中国在联合国大会上明确提出，将力争在2030年前实现碳达峰，并在2060年前实现碳中和的目标。体现了中国对全球环境治理的积极参与态度，彰显了中国推动生态文明建设、实现可持续发展的坚定决心。控制或减少碳排放、促进和增加碳吸收是实现碳中和的根本途径。"双碳"[①]目标的实现需要我们每个人的共同参与和努力。

微生物是肉眼看不见或看不清楚的微小生物的统称，多数为单细胞，少数为多细胞，还包括一些没有细胞结构的生物，常见的微生物有细菌、病毒、真菌、微藻和其他有机体。微生物不仅是地球生命最初的形式，也在地球生态系统中扮演着极其重要的角色，更是自然界碳循环不可或缺的参与者，在实现碳中和目标方面展现出巨大潜力。它们通过多种途径参与碳固定和碳转化过程，从而减少温室气体排放、促进碳封存，如通过光合作用固碳、通过生物降解减少温室气体排放、通过生物转化生物燃料和促进土壤碳封存等。而且随着组学、基因编辑、合成生物学等技术的发展，不断有新的固碳、转化碳的微生物被发现和创造，助力碳中和目标的实现。

---

① 碳达峰与碳中和的简称。

微生物个体微小，肉眼不可见，但它们又是无处不在，与我们的生活、健康等密切相关，也是环境变化的重要驱动者，我们对它们既陌生又熟悉。哪些微生物能够助力碳中和，它们是怎么工作的，科学家们是如何改造它们使其更有效工作的，这些问题对我们大多数人来说是陌生的。解答它们，可以使我们更好地了解微生物，关注碳中和，参与"双碳"目标的实现。

本书由农业农村部成都沼气科学研究所（中国农业科学院农村能源与生态研究中心）、农业农村部农村可再生能源开发利用重点实验室承担完成，获四川省科普作品创作项目（2022JDKP0078）资助。全书共四章，第一章介绍碳中和的来龙去脉，第二章介绍参与碳循环和助力碳中和的微生物类群，第三章讲微生物技术，回答微生物如何助力碳中和的问题，第四章是改造微生物助力碳中和的前沿技术。本书在写作过程中得到农业农村部成都沼气科学研究所贺莉、黄钢锋、葛一洪、许立鹤、杨雅涵、伍佩珂等老师的大力支持，陈李、鲍资同、韩文开、孙悦、乔丹等研究生在资料收集等方面也做了大量工作，在此一并表示感谢。

本书试图将人类上百年时间对微生物在减碳、固碳方面的认识、应用和改造用生动浅显的语言和图画展示出来，难免存在挂一漏万、不严不实之处，敬请读者批评指正。

著 者

2024 年 10 月

目 录

- 001　第一章　碳中和——人类的自我救赎
  - 003　一、地球"发烧"了，后果很严重
  - 017　二、谁是"罪魁祸首"？
  - 023　三、碳中和是"退烧良药"

- 031　第二章　"碳圈"中的微生物
  - 033　一、碳元素与碳基生命
  - 036　二、地球上的碳循环
  - 039　三、微生物对碳循环的驱动

- 055　第三章　碳中和的有"生"之路
  - 057　一、减污降碳微生物，无处不在的"小帮手"
  - 069　二、零碳革命，能源微生物身先士卒
  - 092　三、固碳微生物，碳的"终结者"

- 113　第四章　未来的超级"帮手"
  - 115　一、新物种、新途径
  - 123　二、超级固碳微生物的创制
  - 125　三、超强减污固碳组合

- 129　参考文献

第一章

碳中和——人类的自我救赎

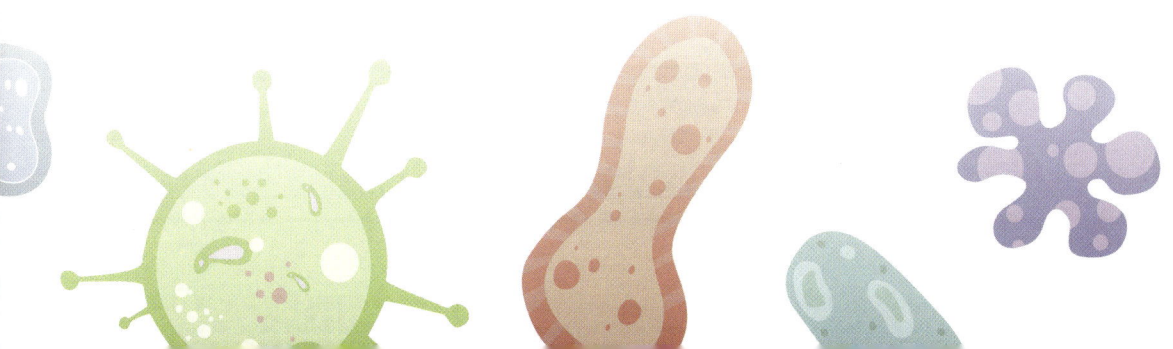

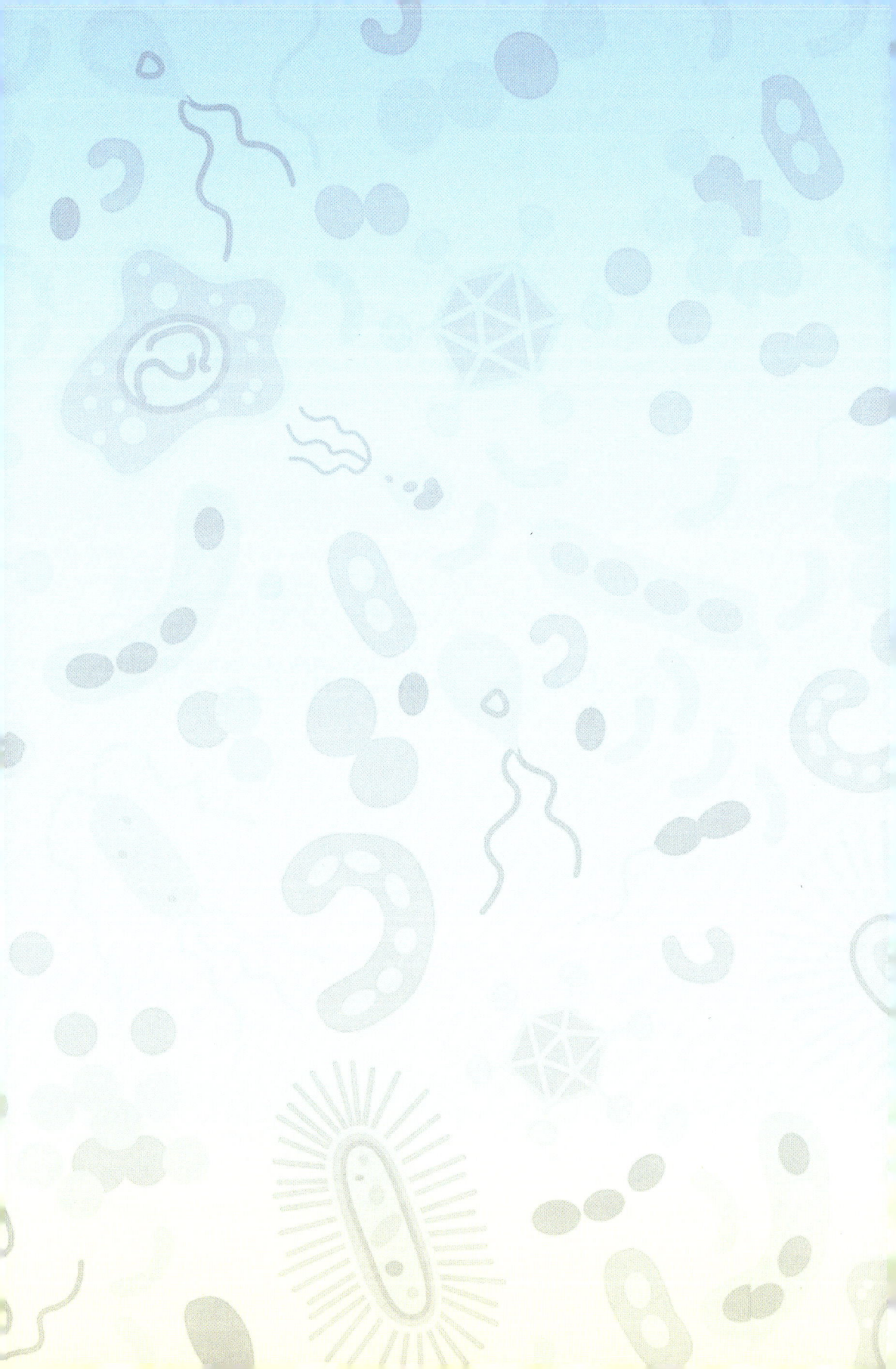

一、地球"发烧"了,后果很严重

近年来,全国各地历史极端高温不断被刷新:

2022年7月13日,上海徐家汇站气温达到40.9℃,追平有气象记录(1873年)以来最高气温纪录。

2022年8月15日,成都最高气温达到了43℃,出现在简阳市,这也是成都有气象记录以来的最高气温。

2023年6月22日,代表"北京温度"的北京南郊观象台气温冲至41.1℃,是有观测记录以来历史第二高(并列)。

2024年8月3日,杭州主城区最高气温已经达到41.9℃,突破2022年8月14日的41.8℃,创下新高。

但这只是地球"发烧"的一个小小的症状……

全球平均地表温度已经比工业革命前升高了1.2℃以上,但是居住在地球上不同地区的人们感受到的并不相同。当全球升温1.5℃,中纬度地区极端热日会升温约3℃,而当全球升温2℃时这个数据则约为4℃;全球升温1.5℃,高纬度地区极端冷夜会升温约4.5℃,而当全球升温2℃时这个数据则约6℃。难以想象45℃的成都是什么样子的。

美国宇航局、美国国家海洋和大气管理局2021年6月发表在《地球物理研究快报》(*Geophysical Research Letters*)杂志上的论文表明,地球从大气中吸收的热量大约是15年前的2倍。

中国科学院联合全球13个研究单位发表在《大气科学进展》（Advances in Atmospheric Sciences）上的论文表明，过去80年中，海洋每一个10年都比前10年更暖。近60年，0～2 000米深的海洋平均温度上升了约0.13℃。

青藏高原温度平均每10年上升0.4℃，升温速度是全球平均升温速度的2倍。

我们正遭受着海陆空全方位的升温。

联合国政府间气候变化专门委员会（IPCC）的最新报告指出，除非未来几十年内大幅减少温室气体排放，否则全球变暖幅度在21世纪将超过1.5℃或2℃。这意味着什么呢？美国非营利气象科学资讯机构"气候中心"的研究显示，若21世纪末全球平均气温上升3℃，全球约50个主要城市将受到海平面上升的威胁，而亚洲将是"重灾区"，包括香港、上海、台北、新加坡、东京、孟买等。也就是说全球一半的迪士尼乐园将被淹没。

1. 1.5℃还是2℃

这两个数字来自《巴黎协定》。

2015年11月30日，在巴黎郊外的布尔歇展览中心，来自195个国家以及欧盟的代表和全球近2 000个非政府组织的代表共1.4万人参加了《联合国气候变化框架公约》第21次缔约方会议（世界气候大会）。12月12日19点26分，在延期超过24小时的大会最后一次全体会议上，大会主席、法国外长洛朗·法比尤斯（Laurent Fabius）举起带有大会标志的绿色小锤，宣告里程碑式的《巴黎协定》诞生，全球应对气候变化进程迈出重要一步。

《巴黎协定》中设定了双重目标：21世纪全球平均气温升幅与工业革命前

水平相比不得超过2℃，同时"尽力"不超过1.5℃。

这意味着什么呢？影响是全方位的。德国气候服务中心的气候学家达妮埃拉·雅各布说："0.5℃意味着更加极端的天气，而这种天气可能更频繁、更剧烈、持续时间更长。"

全球温升1.5℃将对陆地和海洋生态系统、人类健康、食品和水安全、经济社会发展等造成诸多风险和影响，但与全球升温2℃相比，1.5℃温升对自然和人类系统的负面影响更小。

相比较升温2℃，升温1.5℃情况下：全球人口中至少五年一遇高温热浪的比例将从37%降至14%；北极出现夏季无海冰状况的概率将由十年一遇降低为百年一遇；21世纪末全球海平面上升幅度将降低0.1米，使近1 000万人口免受海平面上升的威胁；海洋酸化和珊瑚礁受威胁的程度也远远小于2℃温升的后果。对健康、生计、粮食安全、水供应和经济增长的气候相关风险预估会随着全球升温1.5℃而加大，而升温2℃的情况下此类风险会进一步加大。

与升温1.5℃相比，预估全球升温2℃时，北半球一些高纬度地区、高海拔地区、亚洲东部和北美洲东部，强降水事件带来的风险更高，与热带气旋相关的强降水更多，受强降水引发洪灾影响的全球陆地面积比例更大。

我们可以看下面这张图，高出来的0.5℃会使一些生态灾难加重，甚至会加重10倍。

项目	升温1.5℃	升温2℃	严重倍数
每5年受极端高温事件影响的人口比例	14%	37%	2.6
北极地区的无冰夏季频率	每100年至少1次	每10年至少1次	10
相较于2020年，2100年海平面上升厘米数	40	46	1.15
脊椎动物存量减半的种群占比 *相较于2020年的基数	4%	8%	2
植物（植被面积）减半的种群占比 *相较于2020年的基数	8%	16%	2
昆虫存量减半的种群占比 *相较于2020年的基数	6%	18%	3
北极地区冻土消融体积	480万立方千米	660万立方千米	1.38
生态环境转变对应的面积 *地表生态环境转变为另一个环境	7%	13%	1.86
粮食减产总量 *相较于2020年全球粮食总产量	3%	7%	2.33
珊瑚礁减少比例 *相较于2020年珊瑚礁面积	80%	99%	1.24
渔场产量减少 *相较于2020年	150万吨	300万吨	2
每年暴雨和洪水带来的损失	6万亿美元	14万亿美元	2.33
年均森林火灾发生数量 *较2000年上升	34%	79%	2.32

2. 企鹅与北极熊之殇

人在发烧的时候，可以通过冰敷的方式来降温。我们的地球，已经尽力在"冰敷"——利用北极、南极和高原的冰雪。可是，地球的冰是有限的，如果不好好珍惜，早晚有一天，它们会全部融化。现在南极冰川出现了不可逆的大规模融化趋势。英国《自然》（Nature）杂志发布的新研究指出，随着全球变暖的加剧，科学家们发出警告，在过去的20年之中，全球的冰川融化速度一直在加速之中，这是基于对全世界逾20万座冰川监测给出的结论，是迄今最高置信度的一则研究数据，所以具有说服力。21世纪以来，全球各地冰川都以前所未有的速度融化。

冰川融化的加速已经达到了"空前"状态，其中在2000—2019年，冰川质量平均每年累计损失2 670亿吨，也就是每年有近2 700亿吨冰消失，其中2000—2004年，年损失冰为2 270亿吨，2015—2019年则为2 980亿吨，所以很明显，冰川融化的速度是在不断加快，其中融化最快的冰川位于阿尔卑斯山、冰岛和阿拉斯加。

2020年2月7日，世界气象组织公布消息称，在南极半岛阿根廷科考站埃斯佩兰萨观测到18.3℃，这一纪录打破了2015年3月24日曾记录到的南

极大陆观测到的最高温度——17.5℃。但18.3℃的最高温度纪录仅仅保持了两天的时间。2月9日,巴西科学家在南极北端西摩岛再次测得高达20.75℃的气温,再次刷新了南极大陆气象观测记录温度的最高值。

南极气温的升高会威胁到企鹅的生存,最危险的是阿德利企鹅（*Pygoscelis adeliae*）。阿德利企鹅是南极最常见的企鹅之一,体型相对较小。2011年的一项报告指出,在此前的30年里,阿德利企鹅数量锐减了九成。

你可能难以置信,阿德利企鹅不是被热死的,而是饿死的。全球气温不断上升,导致南极海域的浮游生物大量死亡,以浮游生物为食的磷虾也数量锐减,密度急剧减少。磷虾,被誉为是海洋食品库,是大量海洋生物的食物,比如鲸鱼,以及企鹅。随着磷虾数量的不断下降,阿德利企鹅食物减少。尽管阿德利企鹅目前还不是濒危动物,但是它面临的危机可一点儿也不小。南极和南大洋联盟的一项报告指出,如果不采取措施保护南极环境,阿德利企鹅的数量可能在10年内减半。这并不是危言耸听,因为他们此前的一次观察结果,可谓触目惊心:有一个数量多达40 000只的阿德利企鹅族群,因环境变化带来的困境而整个族群在一次繁殖期仅仅有2只幼年企鹅活了下来!

而且,更可怕的是,全球变暖,反而让这些企鹅冻死!听起来,好像有点奇怪。实际上,由于全球变暖,南极的一些暴风雪被更可怕的暴风雨所替

代。暴风雪对于企鹅来说，早就司空见惯了，而暴风雨则会打透它们的羽毛。寒冷降临时，被雨水浸湿了羽毛的企鹅就会被冻死。

除了阿德利企鹅，帝企鹅（*Aptenodytes forsteri*）的日子也不怎么好过。同样，受到食物减少的困扰，帝企鹅的饥荒就成了一个问题。即便能逃过饥饿，它们也势必要付出更多的时间，这样一来，就减少了繁殖的时间。美国伍兹霍尔海洋研究所在《全球变化生物学》（*Global Change Biology*）上发表的一篇论文研究表明，如果不采取行动遏制全球变暖的趋势，预计到2100年，南极洲的帝企鹅数量将减少86%，届时帝企鹅的数量将不太可能回升，该物种将走向灭绝。

帝企鹅主要分布在南极大陆及周边岛屿，以鱼虾为食。它们的命运与海冰息息相关：帝企鹅的栖息地既要在南极大陆海岸线以内的海冰上，又必须靠近海洋以便获得食物；它们繁育后代也需要稳定的海冰，帝企鹅宝宝每年4月（南半球秋季）诞生，12月（南半球夏季）长出羽毛，这期间海冰不能破裂。然而，随着全球气候的不断变暖，南极海冰将逐渐消失，帝企鹅也将随之失去栖息地、食物来源和孵化后代的能力。伍兹霍尔海洋研究所有两个计算模型：一个是由美国全国大气研究中心创建的全球气候模型，该模型预测了在不同气候情景下海冰将在何时何地形成；另一个是企鹅种群本身的模型，它计算海冰变化如何影响帝企鹅的生命周期、繁殖和死亡。研究人员设置了3种场景，分别是未来全球气温升高1.5℃、2℃，以及5~6℃（即不采取行动阻止全球变暖的情况）的情况。在第一种情况下，到2100年，5%的海冰会消失，帝企鹅群落数量将减少19%；在第二种情况下，海冰消失量会大幅增加，届时超过1/3的现有帝企鹅栖息地将消失；而在不采取行动任由全球变暖的情况下，帝企鹅将失去几乎所有栖息地，走向灭绝。

我们再回到地球的最北端，看看北极熊的日子，它们也不好过。

2020年6月20日，西伯利亚北极圈以内的维尔霍扬斯克监测到38℃气温，创下北极地区新的高温纪录。

近些年来，北极熊越来越多地被人们关注，由于北极冰盖面积不断减少，北极熊的栖息地已经遭遇了前所未有的压缩。新闻已经不止一次报道过北极熊的悲剧：由于长时间找不到可以栖息的冰块，北极熊不得不在海里一直游泳，一直游泳，最终筋疲力尽，实在游不动了，活活淹死在海里……

全球变暖的最明显迹象之一是北极熊的大规模出走。据英国《每日电讯报》网站 2022 年 1 月 1 日报道，北极熊因气候变暖被迫从美国阿拉斯加尤特基亚格维克迁往俄罗斯弗兰格尔岛。在美国这一地区，年平均气温在过去 50 年里上升了 4.8℃，那么弗兰格尔岛再升温，这些北极熊又能去哪里呢？

3. 极端气候频现

IPCC 发布的第六次评估报告《气候变化 2021：自然科学基础》指出，全球变暖正导致一些地区暴雨、洪涝、干旱、台风、高温热浪、寒潮、沙尘暴等极端天气气候事件频繁发生，而且强度增大，过去"几十年一遇"甚至"百年一遇"的极端天气气候事件，似乎正变得越来越常见。

2018 年，撒哈拉沙漠突降大雪，雪的深度达到半米，一层白雪覆盖在黄沙之上，让干旱的沙漠也披上一层银装。

2021 年 1 月 6—8 日，我国中东部大部地区遭遇强冷空气寒潮袭击，北京、河北、山东、山西等省市 50 余个国家级气象观测站的最低气温达到或突破建站以来最低纪录，气温落到极低点。到了 2 月，气温又急剧推向高处。2 月 19—21 日，我国中东部大部地区气温回暖迅速，华北南部及其以南大部地区日最高气温普遍超过 20℃，河北和河南部分地区达 29～30℃，全国超过 25% 的县（市）日最高气温突破 2 月历史极值。

2021年7月17—22日，河南省出现了让预报员和气象学者都感到震惊的极端特大暴雨，其中，郑州最大小时降水量达201.9毫米，突破我国内陆地区小时降水量历史极值。7月25—26日，缓慢移来的台风"烟花"滞留我国陆地多日，单点最大累计降水量超1 000毫米，50毫米及以上累计降水量覆盖面积35.2万平方千米。

2022年7月3日，位于意大利威尼托大区的阿尔卑斯山，受到连日持续高温的影响，冰层融化速度加快，突发马尔莫拉达冰川坍塌事故。据悉，这场事故造成多名徒步者遇难，并有多人受伤。这也是当地几十年来发生的最严重的此类事故，研究者认为，如果全球极端热浪持续，那么，大约25年后，马尔莫拉达冰川就会彻底消失。

2022年7月5日，美国南达科他州苏福尔斯市遭遇强风暴袭击，部分地区的天空受此影响"变成绿色"。美国国家气象局称袭击苏福尔斯市的风暴为"德雷乔风暴"，这是一种大型且持续性长的直线风暴，风速超过93千米/时。

2023年，我国平均气温10.7℃，较常年（9.9℃）偏高0.8℃，打破了2021年的纪录10.5℃，达历史新高。全国大部地区气温偏高0.5~1℃。其中山东、辽宁、新疆、贵州、云南、天津、湖南、河北、四川、河南、北京、内蒙古、广西等13个省区市气温为1961年以来最高，全国共127个国家气象站日最高气温突破或持平历史极值。

4. 上升的海平面

冰川融化后的水去哪里了呢？当然是在海洋里，这会导致海平面上升。而且除了冰川融化，地球升温引发水膨胀（上层海水变热膨胀）也是导致海平面上升的重要原因。气温每升高1℃，海水大概会膨胀上涨0.5厘米。研究表明，近百年来全球海平面已上升了10～20厘米，并且未来还要加速上升。

《自然气候变化》(Nature Climate Change)杂志发表的一项研究成果显示，人类实际性看到的海平面上升速度要远远高于预测，原因是有很多因素都没有计算在里面。科学家警告，实际性的海平面上升速度比我们知道的还要可怕。

在过去的20年之中，地球在人类的活动之下大规模地升温，南北极的冰川快速融化。通过冰川融化量计算出来的数据显示，全球海平面上升的速度平均每年在2.6毫米左右，但是这个计算值是不准确的，因为没有考虑在海平面上升的时候，世界海岸线也在下沉，也就是说，一方面海平面在上升，一方面沿海城市也在"沉降"。所以人类要警惕了，海平面上升得太快了，远远超过了理论计算值。

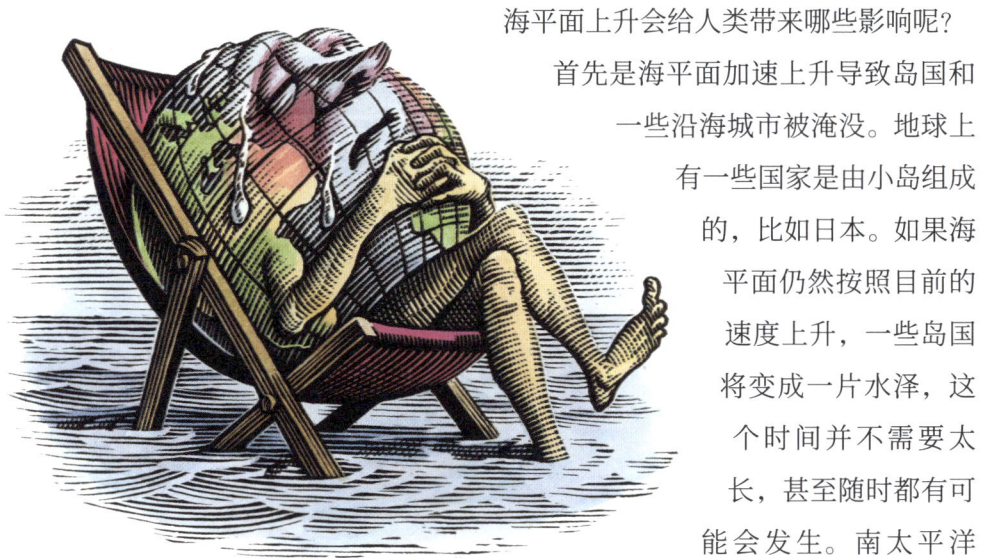

海平面上升会给人类带来哪些影响呢？首先是海平面加速上升导致岛国和一些沿海城市被淹没。地球上有一些国家是由小岛组成的，比如日本。如果海平面仍然按照目前的速度上升，一些岛国将变成一片水泽，这个时间并不需要太长，甚至随时都有可能会发生。南太平洋和印度洋的一些低平的岛国可能呈现半淹没的状态，这种情况下人类无法生存，只能选择搬迁。在 2001 年，图瓦卢决定搬迁到新西兰，这是世界历史上第一个因为自然灾害原因而举国搬迁的国家。与图瓦卢相似的国家有很多，在不久的将来很多岛国都可能要背井离乡，这是海平面上升的必然结果。根据联合国建立的模型显示，如果人类还不做出行动阻止全球变暖，海平面不断上升的话，那么 2030 年前全球有 6 个大型城市面临着被淹没的风险。这 6 个面临被淹没的城市在国际上都有着不小的知名度，它们分别是荷兰首都阿姆斯特丹、伊拉克港口城市巴士拉、美国新奥尔良市、意大利威尼斯、越南胡志明市以及印度加尔各答，而阿姆斯特丹将成为首个被淹没的首都城市。

海平面上升后海水入侵会加剧。海水中有大量的盐，这些盐分涌入大陆以后只能由土壤吸收。海平面上升导致海水与地下淡水的压力差加大，海水沿含水层向陆地方向扩侵程度加强，加重沿海地区的海水入侵和土壤盐渍化程度。海水入侵灾害在我国渤海、黄海、东海、南海滨海地区均有发生，渤海和黄海沿岸最为严重。海水入侵加剧了土壤中盐分的积聚，造成土壤板结，影响作物生长。

海平面上升使海水入侵强度增加，导致沿海生态系统栖息地收缩、相关物种迁移、生物多样性和生态系统功能丧失，以及河口上游海洋物种重新分布。过去 100 年，近 50% 沿海湿地已经消失，导致每年 0.4 亿～14.6 亿吨的碳释放。在 RCP 8.5[①]情景下，2100 年全球 20%～90% 现有滨海湿地将退化。暖水珊瑚礁和岩质海岸正受到极端海温和海洋酸化的影响。自 1997 年以来，海洋热浪已经导致大规模的珊瑚白化事件频率增加。即使全球升温限制在 1.5℃，到 2100 年几乎所有暖水珊瑚礁也会面临显著面积减少和局地灭绝风险。

海平面上升可能导致风暴灾害加重。风暴灾害的酝酿是在大海中进行的，

---

① RCP 指"代表性浓度路径"，用于描述不同排放情景下温室气体对气候的影响。RCP 8.5 表示到 2100 年，地球大气层顶的辐射强迫将比工业革命前增加 8.5 瓦特/米^2，导致显著的气候变暖。

而海平面上升无疑给了风暴灾害更大的酝酿空间。海平面上升不仅会加剧风暴灾害,增加超级台风出现的频率,还会加大洪涝灾害的威胁。当遇到天文大潮和季节性涨潮时,本已升高的海平面威力更是大幅增加,使潮水暴涨,影响区域更广,危害更大,原有的防潮工程功能减弱,海潮甚至会冲毁海堤,吞噬码头、工厂、城镇和村庄。

我们再来看看中国的情况。

2021年《中国海平面公报》显示,中国沿海海平面变化总体呈波动上升趋势。2021年,中国沿海海平面较常年高84毫米,为1980年以来最高。1980—2021年,中国沿海海平面上升速率为年均3.4毫米,高于同时段全球平均水平。2012—2021年,中国沿海海平面均处于近40年来高位。2021年,中国沿海海平面变化区域特征明显,与常年相比,渤海、黄海、东海和南海沿海海平面分别高118毫米、88毫米、80毫米和50毫米。

中国作为半边临海的国家,也受到海平面上升的困扰。近30年来,中国沿海海平面总体上升了9厘米，其中上海处为11.5厘米。据预测，未来30年，中国沿海海平面将上升8.13厘米，到2050年，上海海平面将较1990年上升70厘米。以上海所在的长江三角洲为例，如果海平面上升65厘米，按照历史最高潮位推算，海水可淹没包括上海在内的长江三角洲和江苏沿岸大量的土地，也就是说，长三角富庶的多数城市都将面临海平面上升的严重威胁，经济损失可达2 372亿元人民币，受灾人口达2 349万。除上海外，还有很多沿海地区的城市和乡村面临着海水上涨的威胁，如海南省乐东黎族自治县龙栖湾村附近沿岸，在1996—2007年的11年里先后后退了200多米，数十间房屋被毁，村民被迫三次搬迁。广西防城港市港口区光坡镇螺寮村，到2005年，被海水淹没的土地达6 300亩，其中100多户村民被迫迁移。

在众多科学研究结论中，海平面上升的高度最多就是66米了。但是66米就已经够难受了，到那个地步，中国也是几近被淹没，厦门、青岛、石家庄、大连、福州等较大的城市都变成了水下城市，就算是北京也有被淹没的区域，因为北京的平均海拔只有约43.5米。

5. 打开的"潘多拉魔盒"

冰川融化导致海平面上升是我们最为"直观"的印象，冰川融化，除了影响海平面，还有什么呢？山地冰川融化之后还可能形成"冰水湖"，很容易引发下游的地质灾害问题。冰川融化还可能导致更严重的问题，那就是**病毒释放**。

冰川中可能藏着一些灭绝了其他古人类的病毒，如果这些病毒复活，人类肯定是没有抵抗力的。假设它的传播速度很快，那么给人类带来的将会是灭绝式的打击。专家认为，冰川融化导致病毒暴发，最严重的后果就是带来全球性的人类灭绝，类似于小行星撞地球，以人类目前的卫生防疫水平，是完全无法应对的。

2021年7月20日，《微生物组》（*Microbiome*）期刊发表的一篇论文研究表明，中国青藏高原的两个冰川样本中存在多种近15 000年前的病毒，它们

与之前已经发现的病毒并不一样,因为被冰川冷冻而封存至今。随着全球变暖导致的冻土层和冰川的融化加速,原本冰封了数万年甚至数十万年的病毒和细菌被释放到环境中的风险在增加。

2015年,美国和中国科学家组成的团队在青藏高原古里雅冰川中钻取冰核样本,他们钻进了50米,期望能找到一些东西。5年之后,研究人员对冰核样本的分析发现了古老病毒存在的证据,其中28组是新发现的病毒,并且大部分病毒与同时出现的大量细菌有关,包括甲基杆菌、鞘氨单胞菌和紫色杆菌,这表明病毒感染了几个大量的微生物群。像在冰川冰中发现的微生物那样,古代微生物的记录使科学家们得以一窥地球的进化史和气候史。当我们的星球正在经历气候变化时,这些冰冻的记录可以帮助我们预测哪些微生物会存活,以及由此产生的环境会是什么样子的。该研究的作者在论文中写道:"冰川中蕴藏着各种各样的微生物,但相关的病毒及其对冰川微生物群落的影响尚未被探索。"研究人员通过用细菌、病毒和遗传物质覆盖无菌冰核的表面来测试他们的方案。在所有样本中,该程序均成功清除了污染物。在对两个冰核进行相同的操作后,研究人员使用微生物学技术来记录冰川冰中残留的遗传信息。他们发现了33种不同病毒的遗传信息,其中28种是全新的。并且大部分病毒与同时出现的大量细菌有关,包括甲基杆菌(*Methylobacterium*)和紫色杆菌(*Janthinobacterium*),这表明病毒感染了几个大量的微生物群。

事实上,这种糟糕的情况早在2016年就发生了,当时,西伯利亚暴发的炭疽热杀死了2 000多只驯鹿,致使96人入院治疗。炭疽芽孢可以存活数年,而那次暴发很可能是由于西伯利亚多年冻土层的融化,使一具感染了炭疽菌的鹿尸解冻而引起的。由此可见,这些被冰封的细菌或病毒一旦释放,会给地球现有的生态系统造成毁灭性的灾难。

二、谁是"罪魁祸首"?

那么导致地球发烧的"元凶"或者说"罪魁祸首"是谁呢?人们将矛头指向了温室气体,温室气体排放主要是人为的原因,但也有自然的因素。

1. 碳排放与温室效应

温室气体是指那些能够吸收和重新辐射红外线的气体,它们在大气中能够捕获热量,从而导致地球表面变暖,也就是"温室效应"。

温室气体有哪些呢?地球的大气中重要的温室气体包括下列数种:二氧化碳(CO_2)、臭氧(O_3)、氧化亚氮(N_2O)、甲烷(CH_4)、氢氟氯碳化物类(CFCs、HFCs、HCFCs)、全氟碳化物(PFCs)及六氟化硫(SF_6)等。水蒸气及臭氧的时空分布变化较大,因此在进行温室气体减量措施规划时,一般都不将其纳入考虑。1997年《京都议定书》规定控制的6种温室气体是CO_2、CH_4、N_2O、HFCs、PFCs及SF_6。其中，后三类气体造成温室效应的能力最强，但CO_2含量较多，所占比例也最大，对全球升温的贡献百分比最大，约为25%。

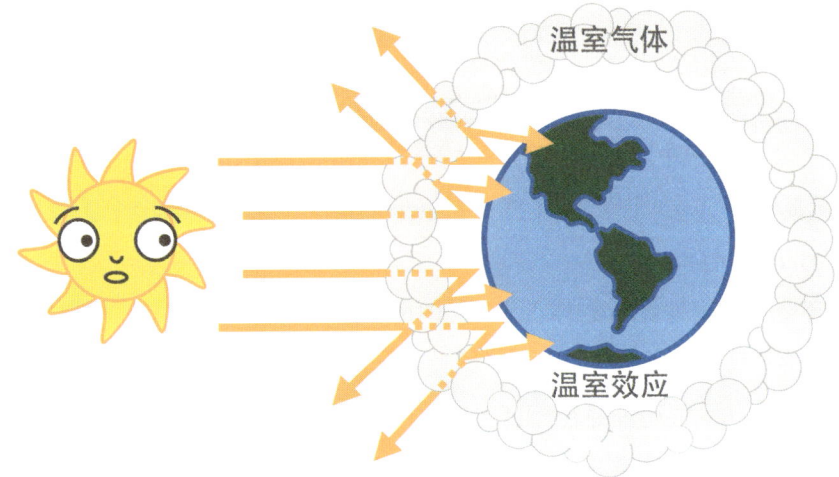

碳排放就是对温室气体排放的一个总称。这是因为在温室气体中，最主要的气体是CO_2，因此用碳排放一词作为温室气体排放的代表。

碳排放的主要来源是化石燃料，包括煤、石油、天然气、油页岩、油砂以及海下的可燃冰等。化石燃料在燃烧过程中，碳转变为CO_2进入大

气,增加了温室气体的排放量。碳排放和我们每天的衣食住行息息相关:城市运转、日常生活、交通运输也会排放大量CO_2;买一件衣服,消费一瓶水,甚至外卖点餐,都会在生产和运输过程中产生排放;烧火做饭、食物腐烂、变质的过程等都会产生CO_2。目前,全球碳排放量呈现不断上升的趋势。

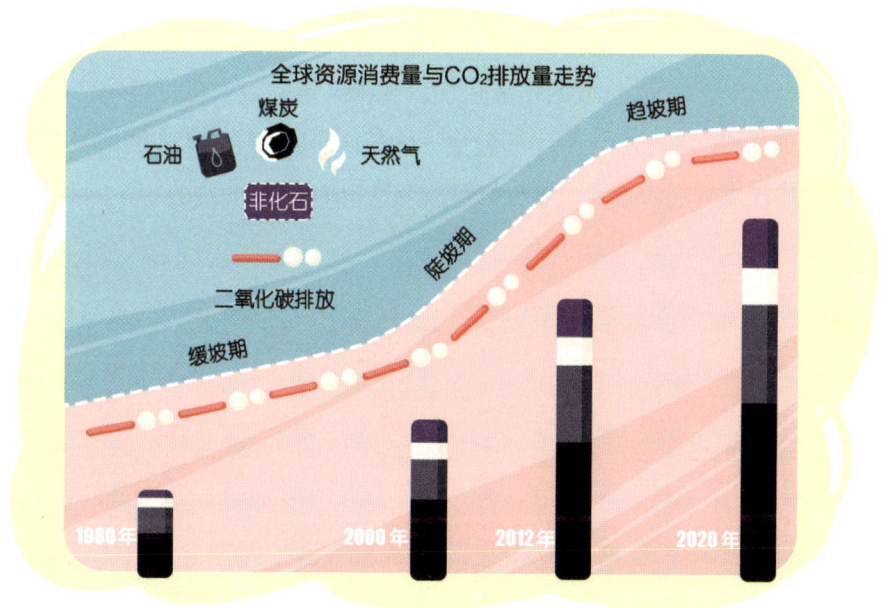

碳排放的增加与经济发展模式密切相关。从20世纪70年代至今,全球碳排放与全球经济发展基本呈正相关,随着全球经济发展,碳排放和人均排放均有大幅增长。从排放总量和增速来看,全球碳排放量与经济总量呈现同步上升的趋势,但增速近年来有所放缓。经济总量与碳排放同步增长的原因是经济增长加大了各经济部门对电力、石油等能源的需求,而电力生产、石油、天然气等化石能源使用都会产生大量碳排放。而经济衰退时期,能源使用量下滑,碳排放量也同样出现阶段性下滑,如2008年经济危机、2020年新冠疫情,都带来了阶段性的碳排放量下降。2018年,全球碳排放量达到了340.5亿吨,是1965年的3倍。

从人均碳排放量来看,全球人均碳排放量和全球碳排放量基本呈现相同的变化趋势,在波动中逐渐增长。2018年,全球人均碳排放量增长到了4.42吨/人,较1971年增长了20%。

目前大气中CO_2浓度和全球温度正迅速增加,如果等到问题发展到了人类可以明显感知的水平,这时候往往已经难以逆转,那么就为时已晚。因此现在就必须对其高度重视,以便采取对策,保护好人类赖以生存的大气环境。

2. 人类活动的影响

人类活动导致了碳排放的不断增加。在150年的工业化过程中,砍伐森林和某些耕作方法等导致大气中的温室气体含量增加。随着人口的增长、经济的发展和生活水平的提高,温室气体排放总量也随之增加。2023年3月20日,

IPCC 在瑞士因特拉肯发布第六次评估报告，明确气候变化是真实存在的，而人类活动是导致其发生的主要原因。人为导致的气候变化已经影响到全球每个地区的许多极端天气和气候事件。

人类活动对气候的影响有两种：一是无意识的影响，也就是在人类活动中对气候产生的副作用；二是为了某种目的，采取一定的措施，有意识地改变气候条件。在现阶段，以第一种影响占绝对优势，而这种影响在以下 3 个方面表现得最为显著：在工农业生产中排放至大气中的温室气体和各种污染物质，改变大气的化学组成；在农牧业发展和其他活动中改变下垫面的性质，如破坏森林和草原植被、海洋石油污染等；城市中的城市气候效应。

一个多世纪以来，化石燃料燃烧以及不平等、不可持续的能源和土地使用方式导致全球温升比工业化前水平高出 1.1℃。这不仅造成了更频繁和更强烈的极端天气事件，也给世界每个地区的自然和人类带来了越来越危险的影响。全球温升的增加将会带来危害的升级。更严重的热浪、更强烈的降雨和其他更极端的天气进一步增加了人群健康和生态系统的风险。很多地区都出现了极端高温导致人员死亡的情况。随着全球变暖，气候变化对粮食安全和水安全产生的不利影响将随之加剧，当其与流行病、冲突事件等其他不利因素合并发生时，情况将更难以控制。

在《自然气候变化》（*Nature Climate Change*）发表的一篇论文研究发现，在过去几十年中，大多数国家人口每增加 1%，温室气体排放相应也会增加约 1%。家庭数量对温室气体排放产生的影响则可能比人口数量要大很多。郊区的增长增加了温室气体的排放，而城市中心区的增长却减少了温室气体的排放。

3. 地球的自然规律

地球自身也存在着冰期和间冰期的周期规律，被称为冰期周期或冰期—间冰期循环。冰期是指地球表面温度下降，冰川扩展，全球范围内大规模冰川覆盖和寒冷气候的时期。在冰期之间会出现温暖期，即间冰期，这是气候相对较暖和稳定的时期。当前地球正处于一个间冰期阶段，称为全新世，全新世就是一个温暖期，持续了约 1.8 万年。冰期—间冰期这个循环是由多种因素相互作用引起的，其中包括地球轨道、太阳辐射和大气中的温室气体浓度等。

从小范围看，虽然我们处于间冰期，但是为什么我们体验到的气候是从冰期到间冰期的逐年变热而不是从间冰期到冰期的逐渐凉快呢？这里就要说到我们曾经经过的小冰期。

小冰期是指从 14 世纪中期至 19 世纪初期的一个相对寒冷的气候时期。尽管这段时期的确存在寒冷的气候条件，但它并不代表整个地球都处于寒冷状态。小冰期主要影响了欧洲和北美地区。小冰期的起因至今仍存在许多争议，但一些研究表明，太阳活动的减弱和火山喷发等自然因素可能是导致小冰期的主要原因之一。这些因素导致大气中的气溶胶增加，反射太阳辐射，从而降低了地球的平均气温。

小冰期期间，欧洲和北美地区经历了寒冷和极端天气事件，如寒冷冬季加长和夏季降雨减少。这导致了农作物减产、饥荒和社会不稳定。同时，河流和湖泊的结冰情况增加，航运和渔业受到了严重影响。然而，需要强调的是，小冰期是一个区域性的气候现象，而不是全球性的。其他地区可能经历了不同的气候变化，甚至可能出现了温暖的气候条件。因此，称地球处于小冰期末期可能不甚准确。

随着时间的推移，小冰期逐渐结束，19 世纪中期以后，全球气候开始转暖。尤其是工业化和人类活动的影响使得全球气温上升，进入了现代的全球变暖时期。

但是一项来自《自然通讯》(*Nature Communications*) 研究认为，全球变暖是自然规律的可能性不到 1%。温室气体排放和人类活动导致的气候变化，以及其导致的其他后果，推动了全球变暖、海平面上升和极端天气事件。

三、碳中和是"退烧良药"

按照盖亚（Gaia hypothesis）假说，地球是个生命体，病了就要"打针吃药"。碳中和便是人类为地球母亲准备的"退烧良药"。

1. 碳中和的前世今生

什么是碳中和？我们先看下面这张图。

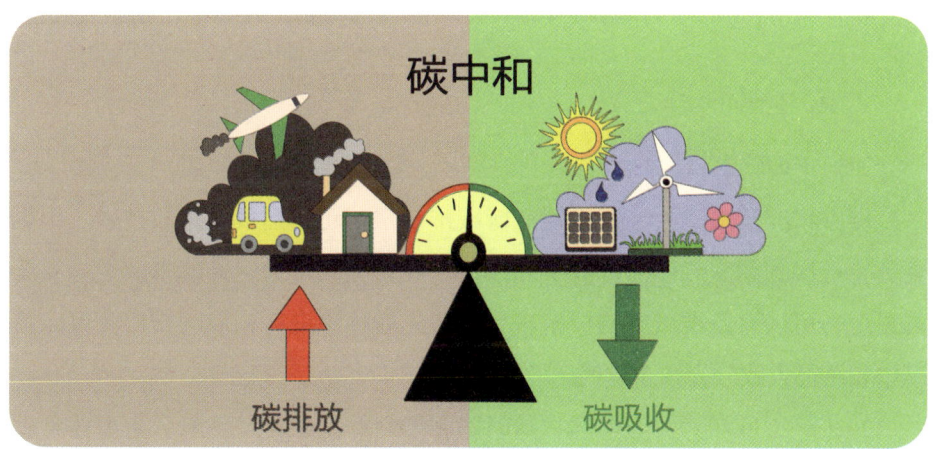

很形象吧，把碳的排放和吸收放在一个天平上，两边一样多，平衡就可以了。它的定义是指国家、企业、产品、活动或个人在一定时间内直接或间接产生的 CO_2 或温室气体排放总量，通过植树造林、节能减排等形式，以抵消自身产生的 CO_2 或温室气体排放量，实现正负抵消，达到相对"零排放"。

其实碳中和概念经历了一个较长时间的演变过程。它最早由英国伦敦的未来森林公司（后更名为"碳中和公司"）首度提出，问世于1997年，指个体及组织通过购买碳汇、植树造林等方式实现个体行为及组织活动的"净零碳排放"。目前国际社会热议的、在全球及国家层面提出的碳中和目标，与全球气候治理进程密切相关，源起于 2015 年的《巴黎协定》和 IPCC 相关报告。2020 年，欧盟、中国、日本等世界主要经济体先后宣布碳中和目标，引起国际社会高度关注，掀起国际碳中和行动高潮。

2020 年 9 月 22 日，在第七十五届联合国大会一般性辩论上，习近平主席正式提出中国将争取在 2060 年前实现碳中和，并于 2020 年气候雄心峰会上进一步提出了降低化石能源比重、提高森林蓄积量、提高风电和太阳能装机量等四项 2030 年自主贡献目标，这标志着碳中和正式成为中国的国家承诺。2021 年《联合国气候变化框架公约》第二十六次缔约方大会（COP26）召开前后，俄罗斯、印度、沙特等又纷纷提出碳中和目标，参与国际碳中和行动的队伍进一步壮大。

2. 碳中和的未来之路

如何实现碳中和呢？

碳中和的技术手段不仅包括节能减排技术，还包括负碳排放技术。根据麦肯锡推出的温室气体减排成本曲线，以及各类减排措施的成本效益与实施难易度，可以对各类减排的技术与手段的先后顺序进行相应的排序。可以将碳中和路径大致分为 3 个阶段。

2020—2030 年为第一阶段，这时的主要目标是碳排放达峰。主要任务就是降低能源消费强度，降低碳排放强度，控制传统能源煤炭的消费，大规模发展清洁能源，还要倡导节能和引导广大民众的节能行为。

2030—2045 年为第二阶段，这时的主要目标为快速降低碳排放。达峰后的主要减排途径转为可再生能源利用，大面积完成电动汽车对传统燃油汽车的替代，同时完成对工业生产的减排改造，大力发展碳捕集、利用与封存应用（CCUS）等技术。

2045—2060 年为第三阶段，这一阶段的主要目标是深度脱碳，参与碳汇，完成碳中和目标。这时工业、发电端、交通和居民侧的高效、清洁利用潜力基本开发完毕，大力开发碳汇技术，以 CCUS、生物质能碳捕集与封存（BECCS）等兼顾经济发展与环境问题的负排放技术为主。

任务	降低能源消费强度，降低碳排放强度，控制传统能源煤炭的消费，大规模发展清洁能源，倡导节能和引导广大民众的节能行为	可再生能源利用，大面积完成电动汽车对传统燃油汽车的替代，完成对工业生产的减排改造，大力发展碳捕集、利用与封存应用（CCUS）等技术	大力开发碳汇技术，以CCUS、生物质能碳捕集与封存（BECCS）等兼顾经济发展与环境问题的负排放技术为主
目标	碳排放达峰	快速降低碳排放	深度脱碳，参与碳汇，完成"碳中和"目标
时间	2020—2030年	2030—2045年	2045—2060年

负排放技术可为以再生能源为主的电力系统增加灵活性，这类技术主要包括农林碳汇、CCUS，以及直接空气碳捕集（DAC），其经济性取决于各地区可行且安全的碳封存有效容量。

碳捕集、利用与封存应用是应对全球气候变化的关键技术之一，是把生产过程中排放的 CO_2 进行捕获提纯，继而投入新的生产过程中进行循环再利用或封存的一种技术。CCUS 分为 4 个主要领域——碳捕集、碳运输、碳利用、碳封存。

碳捕集是指将大型发电厂、钢铁厂、水泥厂等排放源生产的 CO_2 收集起来，并用各种方法储存，以避免其排放到大气中。捕获的 CO_2 需要进行运输，以便进行后续的利用或封存。CO_2 的运输方式包括管道、船舶等。在管道运输中，CO_2 被压缩成液态，然后通过管道输送到目的地。在船舶运输中，CO_2 被装载在船上，通过船舶的运输，将其送达目的地。将捕集的 CO_2 进行资源化利用，可以产生经济效益，同时也有利于环保。如在 CO_2 和氢气的重整合成燃料领域，CCUS 有重要的应用。CO_2 和氢气可以合成甲烷等燃料。将捕获的 CO_2 通过一定技术手段注入深部地质储层，使其与大气长期隔绝，这也是 CCUS 技术的一个重要环节。在这个环节中，CO_2 被压缩成超临界状态，然后注入深部地质结构中，比如地下岩层、废弃矿井等。在这个过程中，CO_2 与地质结构的岩石发生反应，形成稳定的固态碳酸盐，从而被长期封存。

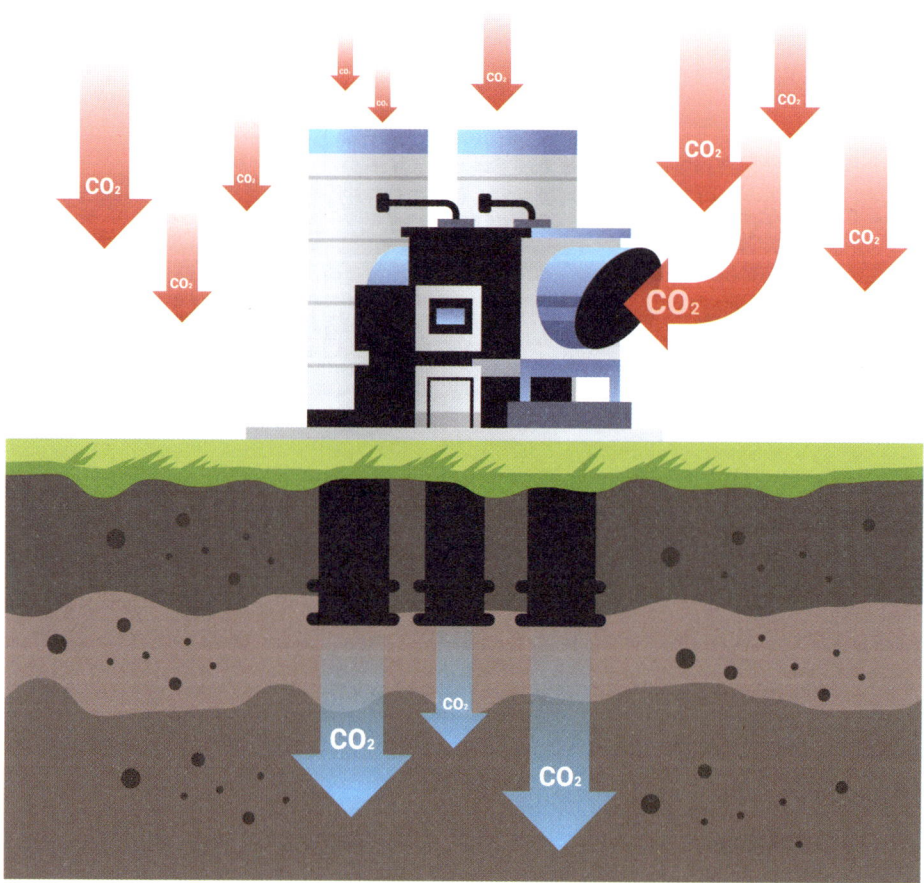

BECCS 是将生物质能与碳捕集封存技术相结合,对生物质燃烧或转化过程中产生的 CO_2 进行捕集和封存。该技术实现了从生物质原料产生到利用全过程的负碳排放。生物质原料通过光合作用吸收了大气中的 CO_2,采用 CCS/CCUS 技术对生物质原料利用过程中可能释放的 CO_2 加以捕集,就全过程而言,消减了大气中的 CO_2。

DAC 是减少分布源碳排放的有效技术途径。DAC 能够对数以亿计的交通工具等分布源排放的 CO_2 进行捕集处理,从而有效降低大气中的 CO_2 浓度。全球发展 DAC 的动力正在不断增长。然而,DAC 在工业领域的发展还处于初级阶段,在实现商用之前还有很长的路要走——预计到 2030 年实现 DAC 技术系统的构建,到 2040 年实现 DAC 技术实用化。

CO_2 的利用途径有很多，哪些途径更具潜力，更利于碳中和呢？2019年，《自然》(Nature)杂志上有一篇文章对比了10种CO_2利用途径的潜在规模和成本。

（1）CO_2 化学品

使用催化剂和化学反应来制造产品，如甲醇、尿素（用作肥料）或聚合物（用作建筑物或汽车的耐用产品），可以将CO_2转化为化学品的组成成分，每年可利用$3 \times 10^8 \sim 6 \times 10^8$吨的$CO_2$。

（2）CO_2 燃料

将氢气与CO_2结合起来生产碳氢燃料，包括甲醇、合成燃料和合成气，这是一个巨大的市场，比如在现有的交通基础设施中进行利用，但目前的成本很高。到2050年，CO_2燃料每年可利用$1 \times 10^9 \sim 4.2 \times 10^9$吨$CO_2$。绿色甲醇正成为研究和投资的热点，它在远洋船舶减排方面有巨大的潜力。

（3）微藻

利用微藻高效固定CO_2，然后将生物质加工成燃料和高价值化学品等一直是研究工作的重点。2050年的利用率可能为每年$2 \times 10^8 \sim 9 \times 10^8$吨$CO_2$。

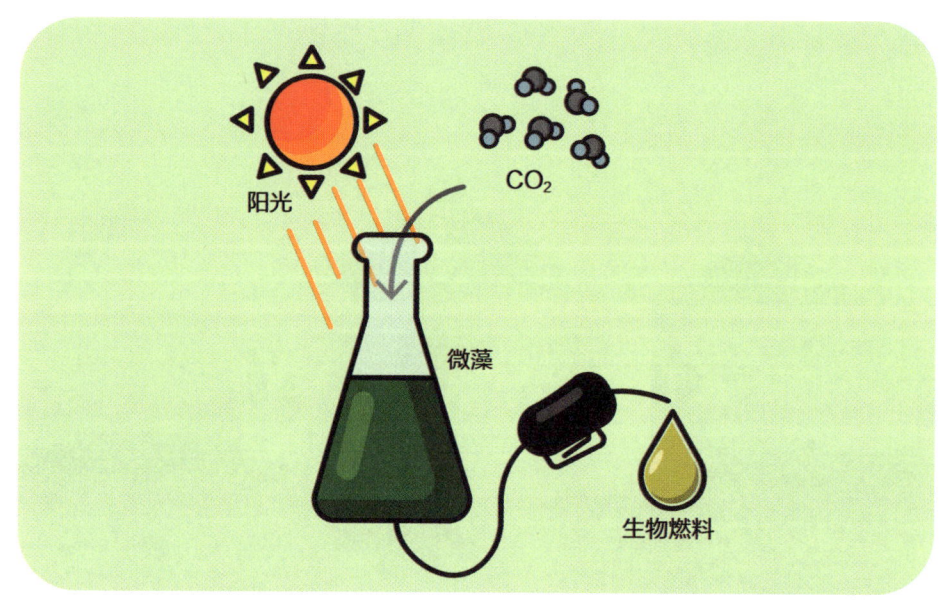

（4）混凝土建筑材料

CO_2 可用于"固化"水泥，或用于制造骨料。这样做会长期储存一些 CO_2，并可能取代排放密集的传统水泥。估计其 2050 年的利用率和储存潜力为 $0.1 \times 10^9 \sim 1.4 \times 10^9$ 吨 CO_2。

（5）CO_2 提高原油采收率（EOR）

向油井注入 CO_2 可以增加石油产量。通常情况下，运营商会最大限度地利用从油井中回收的石油和 CO_2，但关键是，要坚持长期开展 CO_2-EOR（二氧化碳捕集、驱油与埋存），才能使注入和封存的 CO_2 比最终石油产品消耗的 CO_2 更多。估计到 2050 年，每年可以以这种方式利用和储存 $0.1 \times 10^9 \sim 1.8 \times 10^9$ 吨 CO_2。

（6）生物质能源碳捕集和封存

在生物能源碳捕集中，运营商通过种植树木捕集 CO_2，通过生物能源发电，并封存由此产生的 CO_2 排放。到 2050 年，每年有 $0.5 \times 10^9 \sim 5 \times 10^9$ 吨 CO_2 可以通过这种方式利用和封存。

（7）增强风化

破碎岩石，如玄武岩，并将其散布在陆地上，会导致大气中的 CO_2 加速形成稳定的碳酸盐。在农田上这样做可能会提高产量。

（8）森林

来自新森林和现有森林的木材都是具有经济价值的产品，可能会在建筑物中封存 CO_2，从而取代水泥的使用。到 2050 年，通过这种方式最多可以利用 1.5×10^9 吨 CO_2。

（9）土壤固碳

土壤固碳的土地管理技术不仅可以将 CO_2 储存在土壤中，还可以提高农业产量。我们估计，在 2050 年，以增加产量的形式使用的 CO_2 可能高达每年 $0.9 \times 10^9 \sim 1.9 \times 10^9$ 吨 CO_2。

（10）生物炭

生物炭是"热解"的生物质，即在低氧环境下高温燃烧的植物材料。在农业土壤中使用生物炭有可能提高作物产量 10%。估计，2050 年，生物炭可以利用 $0.2 \times 10^9 \sim 1 \times 10^9$ 吨 CO_2。

以上有多项技术是与微生物有关的，微生物在碳转化、固碳等方面发挥了重要的作用，是实现碳中和不可或缺的。

第二章
"碳圈"中的微生物

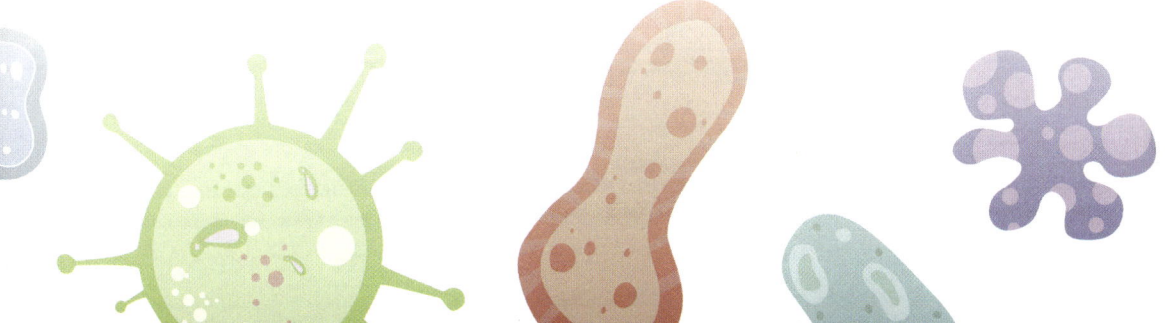

碳元素是生命的基础，地球上已知的所有生物都属于碳基生物。碳元素在生物圈、岩石圈、水圈及大气圈中交换，并循环不止，微生物在这个"碳圈"中发挥了重要作用。

一、碳元素与碳基生命

碳元素是地球上最常见的元素之一，也是生命存在的基础。碳原子能够通过共价键连接形成长链状、分支状或环状的化合物骨架，并且能够与其他元素原子，如氢、氧、氮等形成多种化学键，构成复杂的有机分子。

地球形成的早期，碳元素便以 CO_2 的形式存于这个星球，是构成地球初期大气成分的主要元素之一。此时，碳在大气、海洋、陆地间随地球运转而流动形成一个闭合的循环，参与了早期地球的稳态维系。随后，在这个星球的某一个角落，一次原子间的偶然碰撞，形成了以碳为骨架的有机分子。自此，碳深深地镌刻在了生物体的遗传密码（核酸和蛋白质）中，从单一细胞到万千生灵，拉开了"碳基生命"的序幕，也打破了原有的碳循环。从此，生物圈加入碳循环，形成了大气、海洋、陆地和生物圈之间的碳流动，维持着地球的稳定及生命的延续。

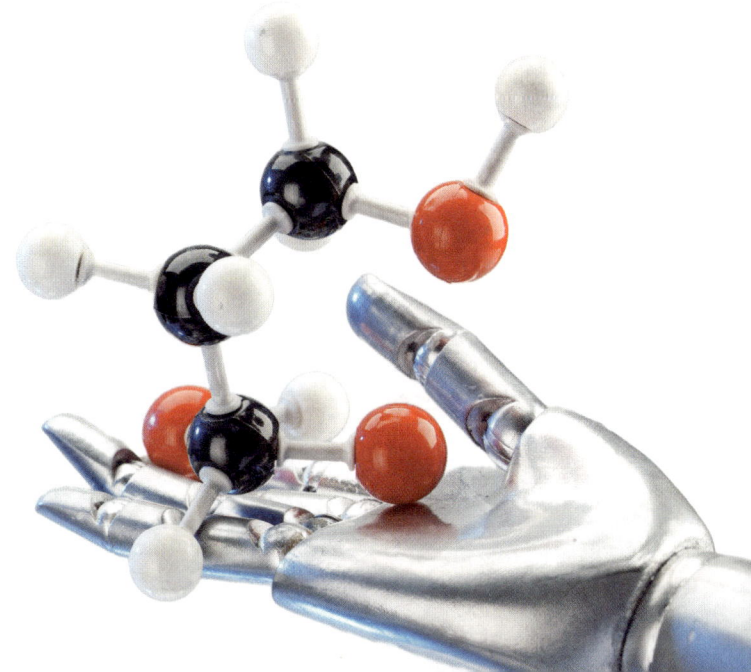

1. 碳基生命的基本组成

碳基生命是以碳元素为有机物质基础的生命。碳元素有 4 个自由电子，可以与其他元素形成 4 个化学键，构成各种有机分子，这些有机分子是生命活动的物质基础。碳基生命的特点在于其多样性和复杂性，能够形成不同的结构和功能，适应各种环境和条件。

除了碳元素以外，生命体还有多种元素，其中最基本的是氢、氧、氮。这些元素构成了生命体的主要物质，如蛋白质、核酸等高分子化合物，它们是生命活动的基础。除了这 4 种基本元素外，生命体还必需包括磷、硫等在内的其他元素。这些元素按在体内含量的高低可分为常量元素和微量元素，常量元素如氧、碳、氢、氮、磷、硫等，在生物体内的含量较高，而微量元素如铁、锌、铜等，虽然含量较低，但在生命活动过程中的作用也十分重要。总的来说，生命体的组成元素复杂多样，它们相互作用，共同维持着生命的正常活动。

总体来说，生命体的组成物质主要包括有机物和无机物两大类。

有机物主要包括蛋白质、核酸、糖类和脂类。蛋白质是生命活动的基础，由氨基酸构成，具有多种生理功能；核酸是细胞中重要的高分子物质，分为 DNA 和 RNA，携带遗传信息；糖类和脂类也是生命活动中不可或缺的有机物质。

无机物主要包括水和无机盐。水在生命活动中起到调节代谢、输送营养物质和携带代谢废物的重要作用；无机盐则是生命活动中必需的矿物质。

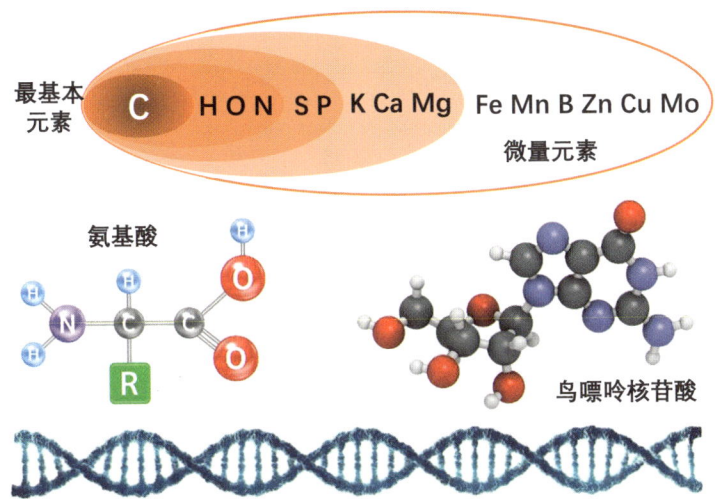

2. 碳基生命在地球上的演化

碳基生命的演化是一个漫长且复杂的过程。大约 40 亿年前，地球上出现了第一个单细胞生命，这些原核生物通过自我复制和进化逐渐演化为今天的多细胞生物。生命的演化经历了从厌氧到好氧的转变，蓝藻等光合微生物的繁殖改变了地球的大气环境，为后续复杂生命的出现奠定了基础。碳基生命的进化主要依赖于"基因突变"和"自然选择"，前者推动生命个体的基因在繁衍过程中发生细微变化，后者决定哪些基因得以传承。

地球生命进化的历程是一个漫长且复杂的过程，大致可分为几个关键阶段。

前生命的化学进化阶段：大约在 35 亿～38 亿年前，地球上出现了最早的细胞形式生命。

生物学进化阶段：从最早的细胞生命出现开始，经历了太古宙、元古宙，直到显生宙，生物逐渐从简单向复杂演化。

寒武纪演化生物群阶段：寒武纪是生命演化的一个重要节点，之后地球上大规模出现了复杂的多细胞生物。

古生代演化生物群阶段：包括寒武纪后的几个纪，地球生物的组成面貌比较古老，原始类群长时间主导海洋生态系统。

现代演化生物群阶段：中生代后的新生代，被子植物和灵长类动物迅速崛起，标志着现代生物面貌的开始。

二、地球上的碳循环

碳循环是指碳元素在地球上的生物圈、岩石圈、水圈及大气圈中交换，并随地球的运动循环不止的现象。碳循环可以简单地理解为两个相互关联的子循环：一个处理地质过程中的长期碳循环，另一个处理生物体之间的快速碳交换（生物圈中的碳循环）。CO_2气体存在于大气中并溶解在水中。光合作

用将 CO_2 转化为有机碳，呼吸作用使有机碳分解产生 CO_2。当来自生物体的物质被深埋在地下并成为化石时，就会发生有机碳的长期储存。火山活动以及人类生产活动排放，将以这种方式储存的碳带回生物圈中的碳循环。

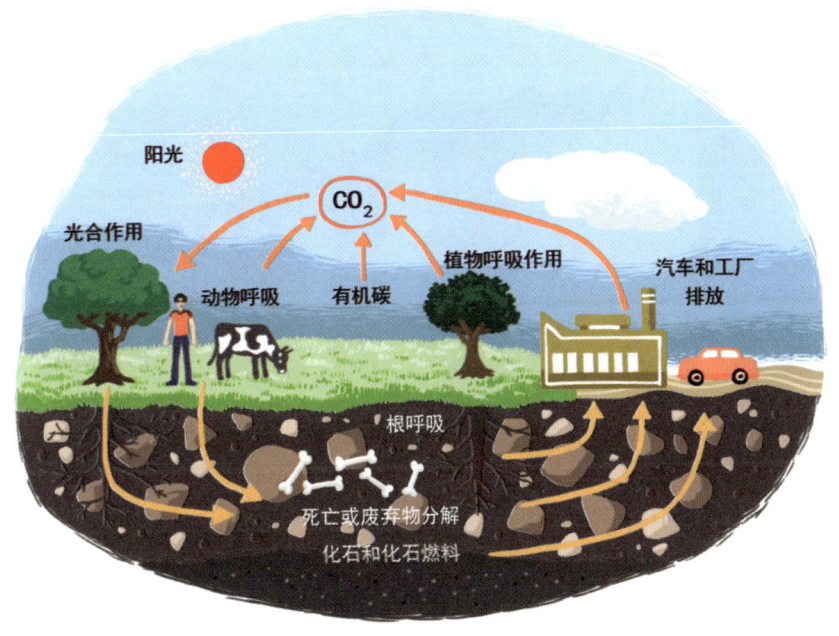

1. 碳固定

碳固定是指将大气中的 CO_2 转化为固态或液态的碳化合物的过程。这一过程对于全球碳循环和气候变化具有重要意义，因为它有助于减少大气中的 CO_2 浓度，从而缓解温室效应。碳固定可以通过多种方式实现，包括生物固定、化学固定和物理固定等。

一方面，CO_2 可以直接溶解于表层水体（如海洋、湖泊等）或者降水（如雨、雪等）中。溶于水后，CO_2 与水分子反应并形成碳酸，然后电离成碳酸根离子和碳酸氢根离子。海洋中超过 90% 的碳以碳酸氢根离子的形式存在，其中一些离子与海水钙结合形成碳酸钙。在地质时间尺度上，碳酸钙形成石灰岩，这是地球上最大的碳库，但其周转极其漫长，通常在几百万年以上。英格兰海岸多佛尔白色悬崖是数百万年前深海海底石灰岩碳酸钙沉积物

的著名例子。随着时间的推移,这些沉积层,最终通过风化和侵蚀将碳返回到海洋中。

另一方面,CO_2 通过生物光合作用转化为有机碳离开大气层,从而进入陆地和海洋生物圈。植物、单细胞藻类和化学自养细菌等微生物是生物圈碳循环中最重要的部分。它们通过光合作用将 CO_2 转化为糖分子,仅陆生植物每年就能固定约 1 100 亿吨的碳。这些分子可以通过生物体内的代谢产生更复杂的有机化合物,如氨基酸、蛋白质和核酸等。碳进入生物体后,一部分通过食用植物和藻类的动物进入食物链,另一部分通过呼吸作用释放，而其余的则留在生物组织中。经过厌氧分解的动植物残骸会形成海洋和陆地沉积物，通过数百万年的理化作用形成石油、煤炭和天然气等化石燃料。

2. 碳释放

碳释放是指碳元素从地球各圈层中以不同形式释放到大气中的过程。碳释放的主要途径包括：生物的呼吸作用、有机物分解、化石燃料燃烧以及地质过程等。生物呼吸作用和有机物分解将有机碳转化为 CO_2 释放到大气中；化石燃料燃烧是人类活动释放碳的主要方式，大量 CO_2 因此进入大气；地质过程，如火山喷发，也会释放碳。

溶解于河流和海洋表层水体中的 CO_2 会释放回到大气中，与大气中的 CO_2 进行动态交换。在生物分解或化学和物理因素作用下，石灰岩会被分解，所含的碳又以 CO_2 形式释放入大气、土壤或水体中。火山和其他地热系统的喷发也会将碳释放进入大气层。

生物体死亡，细菌就会分解其组织，释放 CO_2 回到大气、海洋或土壤。同时，化石燃料在风化过程中或作为燃料燃烧时，所含的碳会氧化成 CO_2 进入大气。全世界每年仅燃烧化石燃料和生产混凝土等释放到大气中的碳就达53亿吨，对碳循环产生了重大影响。

此外，碳还通过呼吸作用以 CO_2 气体的形式从生物体中释放出来。每年，生物呼吸产生约500亿吨的 CO_2 返回大气，这些 CO_2 将被光合作用再次吸收。土壤中的有机物质也会被异养生物分解，产生 CO_2，约600亿吨。

三、微生物对碳循环的驱动

生物驱动的碳循环是指生物体通过一系列活动，促进碳元素在地球各圈层间的交换和循环的过程。

虽然人们经常认为植物是碳循环中最重要的部分，但是单细胞藻类和化能自养细菌等微生物也是推动碳循环的重要"引擎"。在地球的各个系统中，陆地和海洋是两大最重要的碳库，也是微生物数量最多、种类最丰富、活动最旺盛的两大系统。微生物过程在关键生物温室气体（CO_2、CH_4 和 N_2O）的全球通量中发挥着核心作用，并且能对气候变化做出快速反应。微生物能够利用温室气体作为能量来源并构建自身的细胞。因此，通过调控微生物的代谢来减少温室气体排放，从而缓解气候变化具有诱人的前景。

1. 陆地微生物

在气候和环境变化中，土壤微生物群落是核心，因为它们在生物地球化学循环中起着根本作用，特别是体现在碳循环中的大量反应和转化途径中。这些循环是相互关联的，并影响初级生产，例如影响植物养分的可用性，调节土壤中有机碳的净储存量以及 CH_4 和 N_2O 等温室气体的排放。

微生物群落在全球碳循环中起着重要作用。一方面，这些微生物群落能够固定大气中的碳，促进植物生长，降解或转化环境中的有机物质。它们将大量的有机碳封存于高纬度永久冻土、草原土壤、热带森林和其他生态系统中。另一方面，微生物在决定这些有机碳的寿命和稳定性以及使它们变为温室气体释放到大气中发挥着关键作用。微生物能够对依赖微生物活动的养分循环等关键生态过程产生影响，并在分解和转化死亡生物的有机物质的过程中至关重要，使这些物质可以被其他生物体重复使用。这些微生物酶系统被视为驱动地球生物地球化学循环的关键"引擎"。

陆地碳循环以光合作用和呼吸作用之间的平衡为主。光合作用植物、光合或化能自养微生物将大气中的 CO_2 转化为有机物，因而能大量消耗大气中的 CO_2。微生物的作用有助于从非生命来源中提取碳，并使碳可供生物体（包括它们自己）使用。

碳固定最著名的例子是光合作用，微生物中的光合藻类可通过光合作用利用来自阳光的能量将无机碳转化成有机碳化合物。一些光合细菌和古菌也能将 CO_2 转化为碳水化合物。生物体中的一部分有机碳通过呼吸作用形成 CO_2 返回大气。其余的有机碳可能通过食物链从一个生物体循环到另一个生物体。当生物体死亡时，它被细菌分解，碳被释放到大气或土壤中。这个过程通常发生在有氧环境中。在厌氧环境中，碳化合物的厌氧降解只能由微生物完成，如拟杆菌属、丁酸梭菌和嗜热单胞菌属，最终大部分的碳以 CO_2 和 CH_4 的形式释放到大气中。其他微生物也能够参与碳循环。例如，绿色和紫色硫细菌能够降解硫化氢以获得的能量来降解碳化合物，氧化亚铁硫杆菌通过从含铁化合物中去除电子以获得的能量来转化碳化合物。

2. 海洋微生物

海洋覆盖了我们这个星球的 71% 的面积，是一个巨大的碳储存库，被称为蓝色碳汇，具有巨大的气候修复潜力。它通过物理和生物过程吸收大气中的 CO_2。但过量的 CO_2 通过物理过程吸收会导致海洋酸化，改变海洋的食物网结构和生物地球化学循环，使海洋生态系统稳定性丧失。海洋酸化甚至可能引发第六次大规模灭绝事件。因此，通过物理方法让更多的 CO_2 进入海洋是不合适的，而通过生物过程将 CO_2 转化为有机物进入海洋更为有利，在这个过程中微生物是主力军。

海洋中溶解态有机碳（DOC）的量与大气中 CO_2 的量相当。如果这些有机碳都被生物体的呼吸作用所释放，它将使大气中的 CO_2 水平增加一倍，并导致灾难性的后果。海洋微生物占海洋生物量的 98% 以上，包括微藻、细菌、古菌、原生动物、真菌和病毒。加在一起，海洋微生物对光合作用的贡献，几乎占了全球总量的一半。在过去的几十年里，科学家们越来越关注微生物在海洋碳循环中发挥的重要作用。微生物回路、生物碳泵和微生物碳泵等概念已被提出来描述微生物促进海洋中碳流动和储存的机制，以及其对气候变化的影响。

要进行长期的碳封存，光合作用固定的碳需要被输送到深海水域和沉积物中并储存在其中。生物碳泵有助于实现这一功能，是海洋碳汇过程的重要组成部分，它将颗粒有机碳从海洋表面输送到内部，从而在地质时间尺度上进行气候调节。微生物碳泵是另一种生物碳封存机制，微生物能将不稳定的溶解态有机碳转化为稳定的溶解态有机碳，帮助其进一步抵抗生物降解，使其在海洋中维持数十至数千年,进而达到长期碳封存的目的。

这些"碳泵"是由生活在海洋中的微生物所驱动的。浮游植物分布于阳光照射下的海洋表面区域,是通过光合作用过程将碳从大气中带入海洋生物泵的关键。就像陆地植物一样,浮游植物使用叶绿素和其他光合色素来捕获太阳的能量进行光合作用,将 CO_2 和水转化为糖,进而再合成其他碳化合物。这些碳化合物大部分进入海洋食物网,一小部分进入深海,在那里它被回收成无机碳并储存起来,与大气隔离。浮游植物负责将碳带入海洋食物网,在食物网中,生物通过进食、排泄、死亡和分解会产生下沉的含碳颗粒(称为海洋雪),碳将被移动到海洋深处。化能自养细菌和古菌也对海洋贡献有机碳,它们不仅在维持与深海热液喷口和冷渗漏相关的化学合成生态系统方面发挥关键作用,也对非极端环境中的食物网和能量转移有重大贡献。氨氧化古菌通常在中层和深海海水中占主导地位,释放部分溶解有机碳以支持其他原位异养细菌的生命活动。海洋微生物是碳循环中一种人肉眼看不见但功能强大的因素。整个海洋的健康很大程度上取决于这些微小的生命引擎。

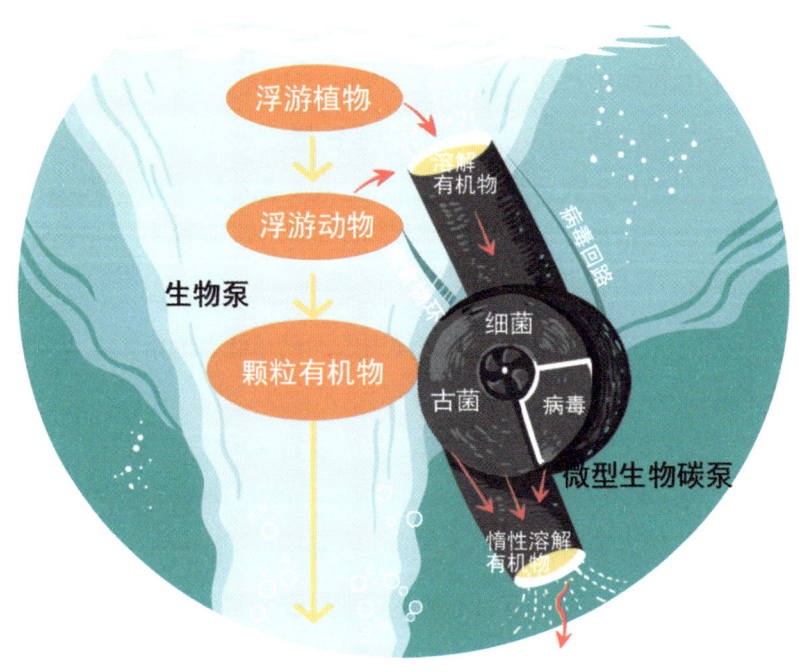

3. 微生物在碳循环中的角色

微生物如果会说话，它一定会说："体积小到人类目中无我又怎样？反正谁也无法撼动我在生态系统中的地位"。作为生态循环中不可缺少的一部分，微生物尽管个体体积很小但作用巨大。

（1）分解者

微生物是生态循环中的分解者，缺少了它生态系统将无法完成物质循环，终至崩溃。"落红不是无情物，化作春泥更护花"，"落红"即生态系统中的有机物，"化作春泥"即微生物将有机物分解成为简单的水、CO_2、无机盐等物质。

污水处理、酒精消毒液、海洋污染治理，以及那些虽已在生命尽头但仍在为生态循环做贡献的"落红"，看似毫无关联，但其实它们是4种以分解程度和产物分类的微生物分解类型在生活中的具体表现，分别对应了生物去除、初级分解、环境可接收的分解、矿化。生物去除指微生物细胞、活性泥等的吸附作用使化学物质浓度降低的一种现象，并不是真正意义上的分解，而是一种表观现象，故又称"表观生物分解"；初级分解则是指在分解过程中化学物质的分子结构发生变化，从而失去原化学物质特征的分解；经分解后，化学物质的物理化学性质及其毒性达到环境要求的安全程度称为环境可接受的分解；有机化合物分解成稳定无机物的分解则为矿化（又称完全分解）。

微生物的分解类型除了依据分解程度和产物划分外，另一种广为利用的方式就是按照分解环境中是否有氧气存在来分类。这种分类方式将微生物分解分为了好氧分解和厌氧分解两类。显而易见，好氧分解就是在好氧的条件下进行分解，厌氧分解就是在厌氧的条件下分解。二者相比，好氧分解具有分解速度快、分解彻底、能量利用率高、可被细胞吸收的比例高等优点。不过可别认为厌氧分解没有优势，厌氧分解也具有能源需求少（不需要充氧）、营养物质需求少（氮、磷的需求低）、产生污泥少（厌氧微生物增殖缓慢）等优点。

不同的分解有不同的微生物参与，好氧分解由好氧微生物参与，厌氧分解由厌氧微生物参与。

①好氧微生物

好氧微生物包括所有需要氧才能生长的微生物。好氧微生物又分为生长必需充足氧气的专性好氧微生物，以及在少量氧存在的条件下生长最好的微好氧微生物。对好氧微生物来说，氧的作用有两个，一是作为呼吸作用反应链中的最终受体，二是参与甾醇类和不饱和脂肪酸的合成。氧的利用过程中会产生氧化氢、过氧化氢、羟自由基等有毒物质，专性好氧微生物和微好氧微生物体内具有相应的氧化氢酶、过氧化氢酶和超氧化物歧化酶，能对有毒物质进行分解而保护微生物不受伤害。

下面我们来看几种我们常见的好氧微生物。

● 枯草芽孢杆菌

枯草芽孢杆菌（*Bacillus subtilis*）是大家耳熟能详的益生菌，在人们肠道不适时，医生有时会建议服用它。枯草芽孢杆菌是一种革兰氏阳性菌，专性好氧，它能够迅速消耗肠道中的游离氧，造成肠道低氧环境，促进有益厌氧菌的生长，间接抑制其他致病菌生长。枯草芽孢杆菌群体自身合成淀粉酶、

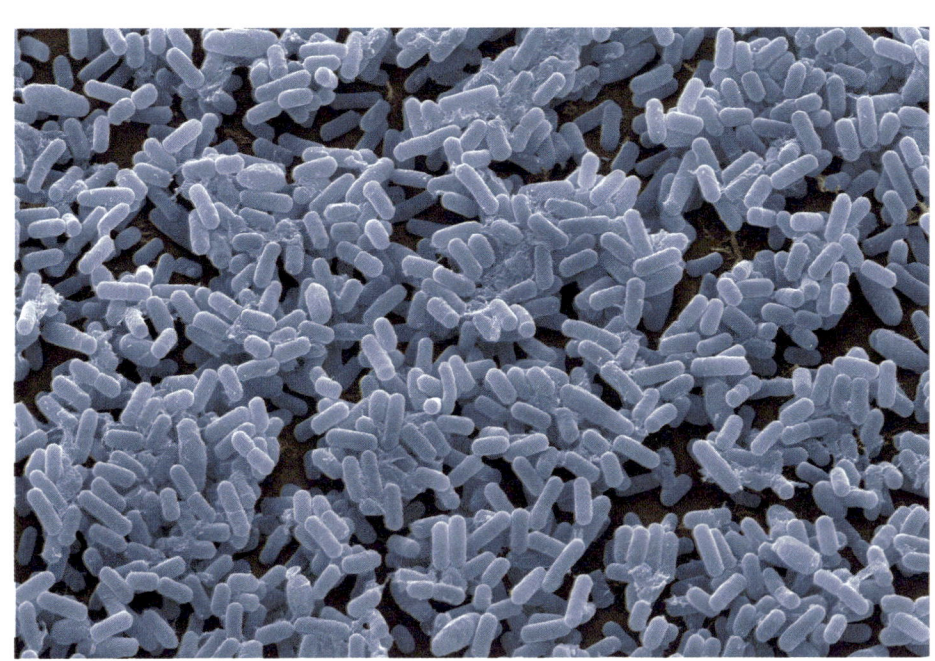

蛋白酶、脂肪酶、纤维素酶等酶类，在消化道中与动物（人）体内的消化酶类一同发挥作用。

除此之外，枯草芽孢杆菌可以吸附在病原真菌的菌丝上，伴随菌丝共同生长，生长过程中会产生溶菌物质，从而消解菌丝体；还能够产生以磷脂类、氨基糖类、肽类和脂肽类为主的抗生素类物质，抑制细菌、病毒、真菌和病原体的生长，脂肽类物质是枯草芽孢杆菌产生的最为重要的抗菌物质。

枯草芽孢杆菌在环境不适宜生长的时候会形成芽孢，芽孢可以在高温、酸碱等极端环境下生存。当环境变得营养充分、适宜生长时，芽孢会自动进入生殖生长期重新生长为枯草芽孢杆菌。枯草芽孢杆菌在芽孢状态下稳定性好，能耐氧化；耐挤压；耐高温，能长期耐60℃高温，在120℃温度下能存活20分钟；耐酸碱，在酸性胃环境中能保持活性，可以耐唾液和胆汁的攻击，口服后有较高比例能存活达到肠道，正是因为这个特点，枯草芽孢杆菌被广泛地作为肠道益生菌使用。

枯草芽孢杆菌不仅用于医药行业直接为人类的健康保驾护航，在生活污水处理、养殖业、种植业也扮演着重要角色，是小身躯担大任的典型有益菌代表。

作为生物调节剂，枯草芽孢杆菌可以起到改善水质、抑制有害微生物、创造优良的水生生态环境的作用。作为一种可以分泌胞外酶的菌种，枯草芽孢杆菌分泌的多种酶类能够有效分解水体有机物，改善水质。例如其产生的活性物质几丁质酶、蛋白酶和脂肪酶等可以分解水体中的有机物，大大改善水质。

● 白腐真菌

白腐真菌是一类在木质上营腐生生活，使木材腐朽呈白色的丝状真菌的总称。因其分泌的胞外氧化酶降解木质素可以促使木质腐烂成为淡色的海绵状团块"白腐"而得名。

木质纤维素是人类传统使用的能量来源，目前在世界能量利用总量中占10%～14%。它广泛存在于植物细胞中，是自然界中含量最多的有机可再生资源。木质素由于具有生物学稳定的复杂键型而不易被降解，传统的理化方法需要昂贵的专业设备并消耗大量的能源，而且容易造成二次污染。生物预处理则具有能耗低、操作简单及不污染环境等优点，越来越受到人们的重视，

这时候白腐真菌开始进入人们的视线。

在所有的能降解木质素的微生物中,白腐真菌是目前研究最充分的、对木质素具有最强降解能力的一类真菌,是已知的唯一能在纯系培养中有效地将木质素降解为 CO_2 和水的一类微生物。白腐真菌着生在木材上,菌丝穿入木质,侵入木质细胞腔内,释放出降解木质素和其他木质组分的酶,以降解木材中的木质素、纤维素、半纤维素使木材腐朽成白色。

在使用白腐真菌对木质纤维素材料进行选择性降解时,针对相应的使用目的需要选用不同的菌种,目前白腐真菌中被广泛使用的模式菌株是黄孢原毛平革菌(*Phanerochaete chrysosporium*)。除此之外,目前用于木质纤维素降解研究的白腐真菌还有革盖菌属(*Coriolus*)、平革盖菌属(*Phanerochaete*)、栓菌属（*Trametes*）、烟管菌属（*Bjerkandera*）、侧耳菌属（*Pleurotus*）、拟蜡菌属（*Ceriporiopsis*）等。

因其特有的分解木质素的本领，白腐真菌还被应用于生物法制浆和堆肥。

②厌氧微生物

厌氧微生物又可以分为专性厌氧微生物和耐氧厌氧微生物两类。专性厌氧微生物要在绝对无氧的环境下才能生存，遇氧就会死亡；耐氧厌氧微生物不需要氧，但可以耐受氧，在有氧的条件下依然可以生长。专性厌氧微生物不能在有氧的环境下生存，但它并不是被氧直接杀死的，而是由于缺乏过氧化氢酶和超氧化物歧化酶等，无法代谢掉代谢过程中产生的氧化氢和超氧阴离子而中毒死亡的。

● 双歧杆菌

双歧杆菌是专性厌氧革兰氏阳性菌，不运动。细胞呈不规则杆状，常为弯曲、棒状或分枝状，偶呈膨大的球杆状。多以单个、成对或"Y""L""V"形等方式排列，首尾相连排列成链状、平行排列成栅栏状或交织排列成玫瑰花结状。

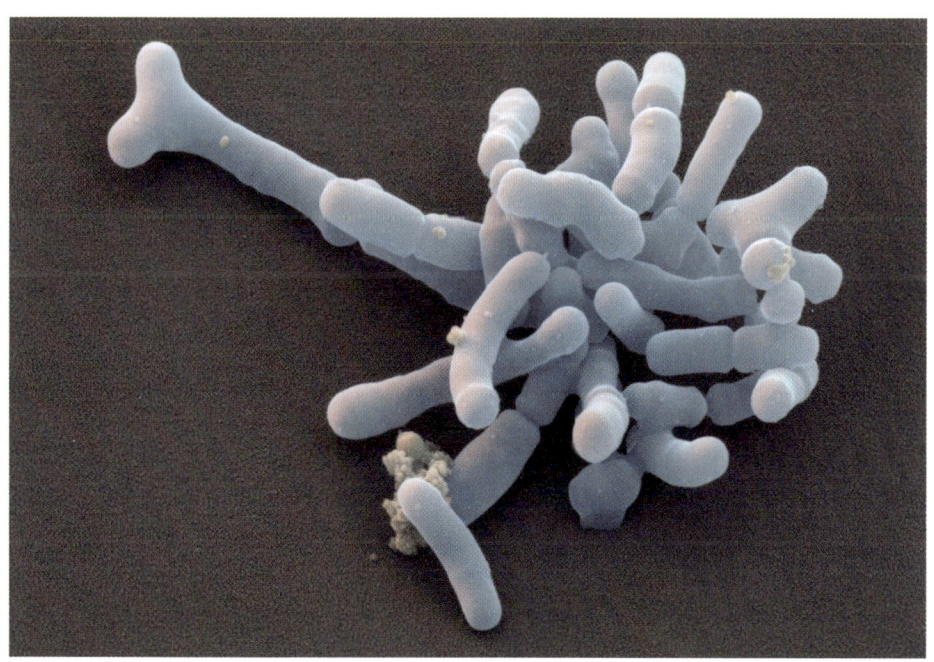

双歧杆菌发酵碳水化合物的主要产物是乙酸和乳酸，不产生 CO_2、丁酸和丙酸。双歧杆菌主要分离自温血脊椎动物和昆虫的肠道及垃圾中，通常为非致病菌。国内外利用双歧杆菌作为益生菌应用到乳制品加工中，生产牛奶、酸奶、啤酒、冰淇淋、饮料、饼干等食品，以促进人体胃肠道对营养的吸收，并提供必要的维生素和微量元素。日本最早于 1971 年开发出首款双歧杆菌制品，至今已开发出 50 多种乳制品。目前，双歧杆菌在保健品、普通食品、动物饲料中等得到广泛应用。

③兼性微生物

兼性微生物既能在有氧的环境下生存又能在无氧的环境下生存，但在这两种环境下所表现的生理状态是很不同的。在有氧存在下通常进行的是好氧代谢，氧化酶活性比较高，细胞色素及电子传递体系的其他组分正常存在；在氧缺乏时，微生物转而进行厌氧代谢，氧化酶失去活性，细胞色素及电子传递体系的其他组分减少或全部消失，一旦重新通入氧气，这些组分将很快恢复。

● 酵母菌

酵母菌是一种在有氧和无氧环境下都能生存的单细胞真菌，属于兼性微生物。在有氧的情况下，它把糖分解成 CO_2 和水，在缺氧的情况下，把糖分解成乙醇和 CO_2。

酵母的作用可分为食用、药用与饲料用三大类。

食用酵母是供人类食用的干酵母粉或颗粒状产品。它可通过回收啤酒厂的酵母泥，或为了人类营养的要求专门培养而得。酵母在面团中发酵产生大量 CO_2 气体，充填在面筋网络组织中，使面团组织疏松多孔，体积增大。蒸烤过程中，CO_2 受热膨胀，使面食变得松软。常见的食用酵母有几千年前人类就用其发酵面包和酒类的面包酵母、台湾冻顶山区制作乌龙茶的茶酵母等。

药用酵母的制造方法和性质与食用酵母相同。由于它含有丰富的蛋白质、维生素和酶等生理活性物质，医药上将其制成酵母片用于治疗因不合理的饮食引起的消化不良。它还能起到一定程度的调节新陈代谢的作用。

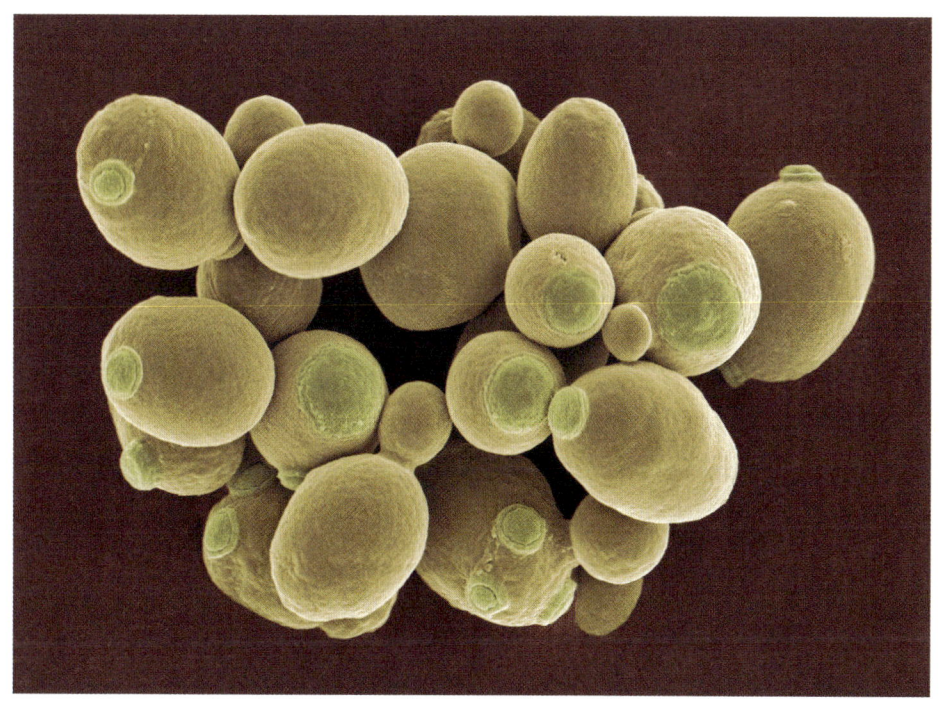

饲料酵母通常用假丝酵母或脆壁克鲁维酵母经培养、干燥制成,不具有发酵力,是细胞呈死亡状态的粉末状或颗粒状产品。它含有丰富的蛋白质(30%~40%)、B族维生素、氨基酸等物质,广泛用作动物饲料的蛋白质补充物。它能促进动物的生长发育,缩短饲养期,增加肉量和蛋量,改良肉质和提高瘦肉率,改善皮毛的光泽度,并能增强幼禽畜的抗病能力。

(2)捕集者

长期以来,植物一直被认为是唯一的有机碳初级生产者,它们通过卡尔文循环进行光合作用将CO_2转化成糖分子,完成从无机碳到有机碳的转化。然而,事实上大量的微生物也可以进行类似的反应进行固碳。相比于经典的植物固碳方式,微生物的固碳方式更为丰富多彩。

这些固碳微生物广泛分布于自然界的土壤、水田、沼泽、湖泊、江海等环境中,几乎遍布陆地和海洋系统的各个部分。比如蓝藻、硅藻和绿藻等单细胞藻类可以完成类似高等植物的产氧光合作用来转化大气中的CO_2;沼泽红假单胞菌、紫色细菌和绿色细菌等光合细菌也能进行不产氧光合作

用来捕捉大气中的 CO_2；硝酸细菌、硫细菌、氢细菌及铁细菌等化能自养细菌不需要以光作为能源，可利用无机分子（铵盐、亚硝酸、硫、硫化氢、碳酸盐和亚铁化合物等）作为电子供体获得能量驱动卡尔文循环或还原柠檬酸循环进行 CO_2 的固定而达到类似光合作用的固碳效果；古菌中的产甲烷古菌能从氢气、乙酸盐或甲醇等简单化合物中获取电子驱动 CO_2 还原为乙酰辅酶 A 和甲烷；热酸菌、杨氏梭菌和拉氏梭菌等产乙酸菌可以通过还原性乙酰辅酶 A 途径将 CO_2 还原为乙酸盐……

4. 多样的微生物固碳途径

（1）蓝藻——光碳固定者，卡尔文循环途径

蓝藻，也称蓝细菌，是一种原核生物，也是地球上最古老的原核生物之一。蓝藻生命力非常旺盛，夏季淡水湖泊由于受到富营养化污染而产生的水华现象，就是它过度繁殖的结果。它们能够像植物一样利用光能驱动 CO_2 合成为糖分子，同时释放氧气。内共生理论认为，植物中的叶绿体和真核藻类的叶绿体是通过内共生过程从蓝藻祖先进化而来的。

蓝藻的 CO_2 还原途径是经典的卡尔文循环。首先，蓝藻通过类囊体上的光化学系统摄取光能并将光子转化为电子，同时完成水分子的光解产生大量的电子、氢离子和氧气，为 CO_2 的还原提供电子。产生的氢离子通过 ATP 合成酶（"能量合成马达"）合成 ATP（"能量货币"），为 CO_2 的还原提供能量。接着通过 "CO_2 浓缩机制" 羧化反应为蓝藻捕捉大量高浓度的无机碳（CO_2 或碳酸氢盐），由大型蛋白复合体核糖 -1, 5- 二磷酸羧化酶 / 加氧酶（RuBisCO）驱动卡尔文循环形成 3- 磷酸甘油酸（含 3 个碳原子）。3- 磷酸甘油酸获得磷酸、电子和氢质子后，变成 3- 磷酸甘油醛（含 3 个碳原子），它就是制造淀粉的原材料。两个 3- 磷酸甘油醛结合起来，就变成一个葡萄糖（含 6 个碳原子）。多个葡萄糖连接起来形成的长链，就是 "直链淀粉"。长链再盘旋成螺旋状，聚集成紧密的团块就是 "淀粉颗粒"。这样，数万个 CO_2 分子就被合成了包含数万个碳原子的巨型碳基大分子——淀粉。

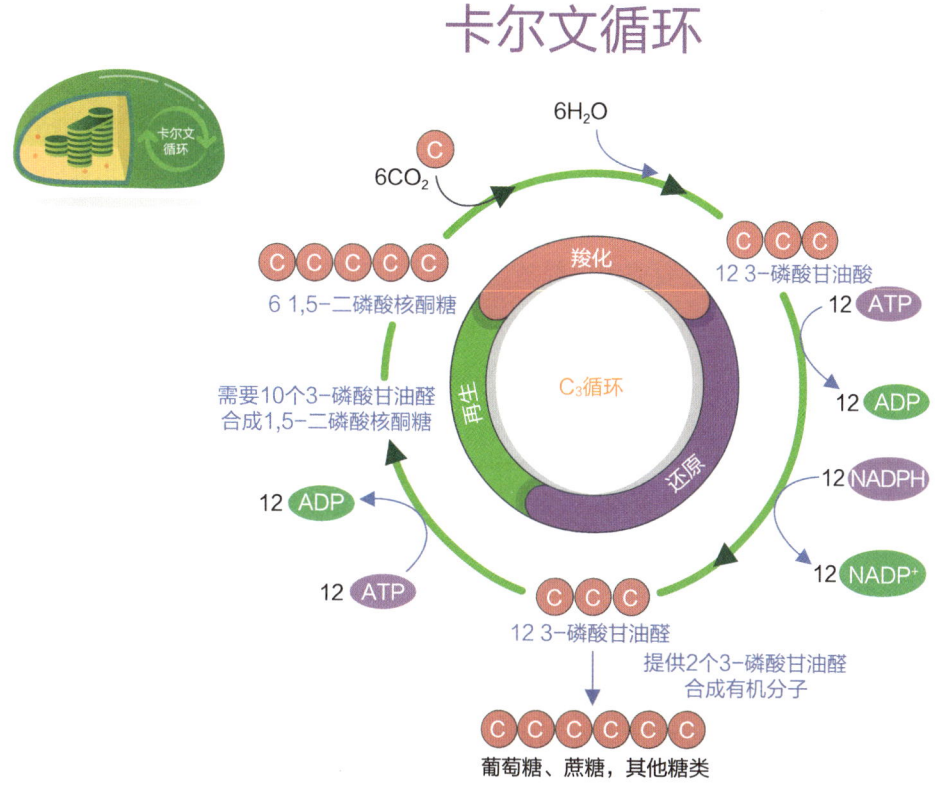

（2）古菌——暗碳固定者，还原性乙酰辅酶 A 途径

古菌是地球上最古老的微生物之一，诞生于地球生命的原始时期。因此，它们主要分布于高盐、高温、高压的极端环境中，比如海底火山口、热泉、河底淤泥等。这些栖息地，往往阳光无法到达、营养物质匮乏和缺少氧气。因此，这些极限生活区并不适合光合微生物的生存。而古菌对无机碳的固定不依赖光和氧气，生存也只需要少量的无机盐。加州大学伯克利分校的研究人员在格陵兰岛下约 3 千米处的冰川冰芯样本中发现了产生甲烷的活微生物。2019 年 6 月，美国宇航局的好奇号火星车探测到了甲烷，这些甲烷通常由地下微生物（如产甲烷古菌）产生，这标志着火星上有可能存在生命。与光能依赖性的植物和蓝藻相比，古菌是名副其实的"暗碳固定者"。

古菌中的产甲烷古菌能够利用 CO_2、甲酸盐、甲醇、乙酸盐等简单的一碳 / 二碳化合物进行生长代谢，并将这些简单碳化合物转化为乙酰辅酶

A 进入细胞的合成代谢途径，进一步将其转化为氨基酸、核苷酸等有机大分子，完成碳固定。例如氢营养型产甲烷古菌（如 *Methanosarcina barkeri*、*Methanobacterium thermoautotrophicum* 和 *Methanobacterium wolfei* 等）能够从氢气分子中获得电子用于 CO_2 的还原，通过一系列蛋白酶复合体和辅酶将 CO_2 中的"碳"转化为活性亚甲基。同时，另一部分活性亚甲基会进一步还原为活性甲基，最后变成甲烷释放于环境，参与碳循环。还原性乙酰辅酶 A 途径的两个分支于 20 世纪 70 年代被 Harland G. Wood 和 Lars G. Ljungdahl 分别发现，因此也叫伍德-永达尔（Wood-Ljungdahl）途径。由于产甲烷古菌适应高温、高盐、高酸、高碱等极端环境，固碳高效，代谢产生的甲烷气体又能作为燃料，它们正在被用于可再生清洁能源的生产。

（3）汉氏硫杆菌——"倒着走"的固碳者，还原三羧酸循环途径

在我们的传统认知中，细胞中的糖类、脂类和蛋白质等高分子化合物最终会通过三羧酸循环转化为能量和 CO_2。而有些细菌却能逆向进行这个循环，实现 CO_2 的固定。

发现于深海热液喷口附近的汉氏硫杆菌（*Hippea maritima*）能反向运行三羧酸循环途径进行 CO_2 的固定。它的周围充斥着令人窒息的 CO_2，但它却乐在其中，茁壮生长，快乐地吃着温室气体"大餐"。首先，它们从周围氢气和硫反应生成硫化氢的过程中获取能量；同时大量捕获周围的 CO_2 分子和氢气分子（获取电子）进入克雷布斯循环。接着，凭借细胞内高浓度和高活性的柠檬酸合成酶驱动 CO_2 还原为乙酰辅酶 A。随后，由于细胞内积累了大量乙酰辅酶 A，它们会被推向丙酮酸合成方向。最后，随着丙酮酸的不断合成，它们进入合成代谢途径，最终变成糖类、氨基酸、脂类等高分子碳基化合物。它们这种特殊化能自养方式或许是为了适应地球早期还原性大气的生存环境（高浓度的甲烷、CO_2、氢气等还原性气体）。

（4）光合绿丝菌——生产化工原料的碳固定者，3-羟基丙酸双循环途径

3-羟基丙酸双循环途径（3-hydroxypropionate bicycle，3HP 循环）于 1989 年由 Holo 在绿色非硫细菌绿屈挠菌科光合绿丝菌（*Chloroflexus aurantiacus*）中首次发现，但一直到 2009 年才被 Zarzycki 和 Fuchs 等完全确

立。与卡尔文循环直接固定 CO_2 不同，3HP 循环途径固定以 HCO_3^- 形式存在的无机碳。该途径包含两个循环过程，第一个循环将 2 分子的碳酸氢盐转化为乙醛酸盐，第二个循环乙醛酸盐和丙酰辅酶 A 歧化生成丙酮酸和乙酰辅酶 A 完成固碳过程，因此被称为双循环。3HP 循环过程中包括 3 个关键的酶：丙二酰辅酶 A 还原酶、丙酰辅酶 A 合成酶和苹果酰辅酶 A/β- 甲基苹果酰辅酶 A/ 柠苹酰辅酶 A 裂解酶。目前对于 3HP 循环中关键酶以及功能基因的研究相对较少，宏基因组研究相较于卡尔文等循环更是极少，目前已有研究主要针对丙酰辅酶 A/ 乙酰辅酶 A 羧化酶的功能基因 Pcc/Acc 开展。该途径目前被发现于南极微生物席、半干旱沙漠等环境。

（5）勤奋金属球菌——最节能的好氧固碳者，3- 羟基丙酸 /4- 羟基丁酸酯循环途径

3- 羟基丙酸 /4- 羟基丁酸酯循环（3-hydroxypropionate/4-hydroxybutylate cycle，3HP/4HB 循环）被认为是最节能的好氧碳固定途径，非常适合在营养受限的环境中进行。该途径与 3HP 循环的固碳酶相同，也是以 HCO_3^- 为底物，但该途径涉及的酶与 3HP 在系统发育方面不相关。目前发现该途径存在于硫化叶菌目（Sulfolobales）、勤奋金属球菌（*Metallosphaera sedula*）等泉古菌门以及一些奇古菌门中，关键酶是乙酰辅酶 A/ 丙酰辅酶 A 羧化酶、4- 羟丁酰辅酶 A 脱氢酶和丙二酰辅酶 A 还原酶。目前已经发现的 3HP/4HB 途径存在于寡营养湖泊、温泉、热泉、海洋、农业土壤中。但针对 3HP/4HB 循环的微生物功能基因研究开展极少，已经报道的功能基因主要包括 *accA* 和 *hcd*。如 Bergauer 等研究了热带大西洋中固定 CO_2 的微生物情况，结果发现从海洋亚表层到氧气最少区域的 *accA* 基因丰度增加，与古菌 *amoA* 丰度增加一致，说明黑暗条件下的 CO_2 固定途径可能在海洋微生物中广泛存在。

第三章
碳中和的有"生"之路

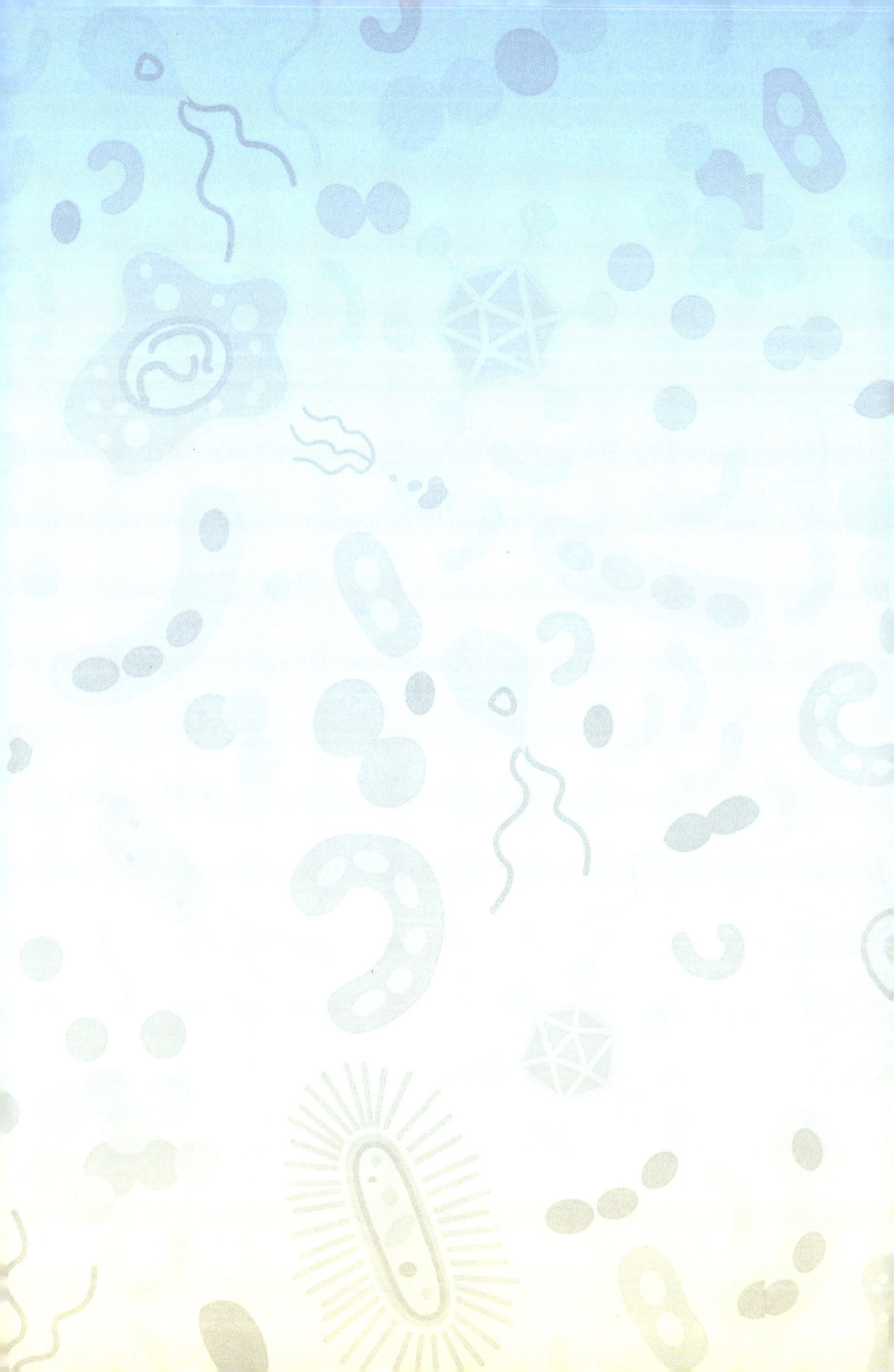

微生物种类繁多，既有能够降解有机物的分解者，也有能够固定CO_2合成有机物的碳固定者，在减污降碳、生物质能源替代、固碳等方面发挥着重要的作用。

一、减污降碳微生物，无处不在的"小帮手"

微生物在减污降碳方面有独特的能力，可以处理污水，可以吃塑料，可以分解有毒有害物质，也可以变废为宝。下面我们介绍几个重要的具有减污降碳功能的微生物类群。

1. 活性污泥

在废水处理过程中，活性污泥法因具有环保、经济、高效等优点深受研究者关注，是目前应用最为广泛的生物处理法。经过100多年的发展，活性污泥法已经衍生出多种新工艺被广泛用于城市污水处理。

活性污泥是微生物群体及它们所依附的有机物质和无机物质的总称。活性污泥法是利用悬浮生长的微生物絮体处理有机污水的一类好氧处理方法。是环境科学与工程领域标志性的发现之一。

（1）活性污泥的发现

18世纪60年代，欧洲兴起了工业革命，工业革命带来的直接影响就是城市化飞速发展。这一巨大的社会进步引发了许多新的社会问题，其中最凸显的问题就是：城市化的发展导致大量的污水无法得到有效的处理。

当时的英国是水污染问题最为严重的国家，不断加重的卫生问题以及工业对清洁水源的要求促使英国成立了一系列环境治理机构，促进了污染治理法的问世。可在法规的背后，英国并没有找到合适的技术来防止河流的进一步污染。在这样的时代背景下，欧洲的科学家积极地寻找各种提高污水处理效率的办法，但很遗憾都收效甚微。

1911年，劳伦斯试验站的化学家克拉克（Harry Clark）研究生活污水对水体生物的影响，向有鱼的水池内注入污水，观察鱼可以忍受的污水量。在注入大量污水的情况下，要保证鱼的生存，就需要在池内鼓入足够的空气。他在实验过程中发现，随着污水量的增加，池底开始出现越来越多的沉淀物，而当停止曝气将这些沉淀物排出水池后，水就能变得很清澈。克拉克随即想到："应该在污水处理方面做一些类似的研究。"随后他便放弃了对鱼的研究，转而开始对污水池进行曝气实验。几个星期后，他已经能够使污水得到充分的净化。

1912年，曼彻斯特大学的福勒（Gilbert Fowler）教授来到了劳伦斯试验站。他是曼彻斯特河道部门的咨询化学家，曼彻斯特大学当时以微生物的工业应用而闻名于世。这一次他是应邀去解决纽约港的污染问题。在这次旅行中见到了克拉克实验的福勒教授思路豁然开朗，后来甚至将劳伦斯试验站称为"污水净化的圣地"。

1913年，阿登（Edward Ardern）和洛克特（William T. Lockett）开始对曼彻斯特的污水进行小试曝气：将为防止藻类生长而用棕色的纸包起来的玻璃瓶里装上污水，插入一根弯成90°的管子进行曝气，同时加以充分的搅拌，最后直到氨氮转变为硝酸盐氮（硝化过程）。这一过程耗时6个星期，需要如此长的时间才能起效果的方法显然不具实用价值，但阿登和洛克特没有放弃。他们把瓶内的上层清水排出，污泥留在瓶内，然后又加入新的污水，开始曝气,这次硝化过程只用了 3 个星期。他们再次将清水排出加入新的污水曝气重复上述过程,硝化的时间进一步缩短,直到最后在 24 小时内即可让污水得到充分的处理。

洛克特在一份手稿中这样写道:"目前试验的结果预示着它可能会对污水处理产生颠覆性的影响。"1914 年 4 月 3 日,阿登在曼彻斯特大酒店举行的化学工业学会上介绍了他们的研究工作并在《无需滤池的污水氧化试验 1》一文首次提出了"活性污泥"的概念。

(2)活性污泥到底是什么

把活性污泥的泥粒放在显微镜下观察,可以看到里面有多种微生物——细菌、霉菌等,它们能分解复杂的有机化合物,获得自身活动必需的能量。活性污泥除了含有微生物之外,还含有一些无机物质和吸附在活性污泥上不能再被生物降解的有机物(即微生物的代谢残余物)。活性污泥具有很强的吸附力和氧化分解有机物的能力,主要用于污废水处理。

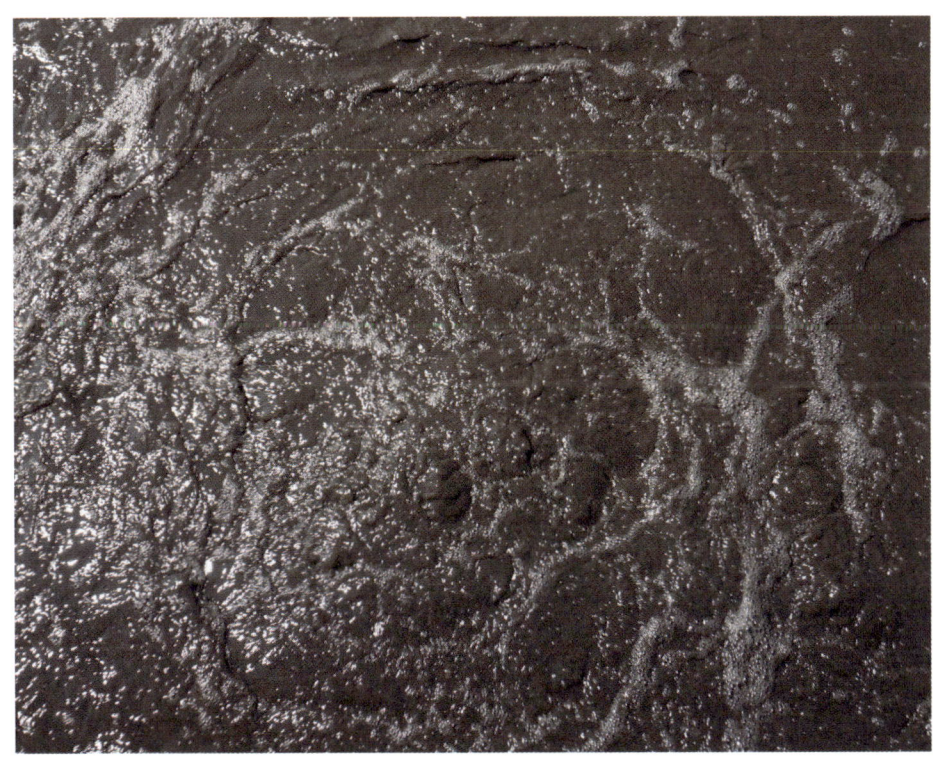

正常环境下的活性污泥是散发着土腥味或霉臭味的黄褐色或茶褐色矾花状颗粒，供氧不足或厌氧时呈黑色，营养过多或营养不足时呈灰白色。活性污泥中的微生物以好氧微生物为主，是一个以细菌为主的群体，除细菌外还有酵母菌、放线菌、霉菌、原生动物和后生动物等。原生动物可以作为指示生物，固着形纤毛虫出现且数量较多时说明活性污泥培养成熟并且活性良好。

活性污泥对污水中有机物的降解可以分为吸附和稳定两个阶段。活性污泥巨大的表面积上有多糖类的黏性物质，可以将污水中的有机物转移到活性污泥上再为微生物分解利用。

典型的活性污泥污水处理法体系主要由生化反应池、曝气池和沉淀/回流系统组成。生化反应池通过生化池中的微生物（活性污泥）群落多种物理作用（吸附、沉淀）或生长代谢实现废水中有机物的降解去除；曝气池由曝气风机或曝气器为微生物呼吸提供溶解氧，是整个体系中的主要耗能部分；沉淀系统用来进行泥水分离，控制出水水质；回流系统保证污泥回流，维持曝气池内的污泥浓度。

2. 吃塑料的微生物与微生物塑料

人类发明塑料时，并没有想到它会给地球生态带来如此巨大的危害；人类使用塑料制品时，也没有想到这些塑料制品终有一天会经过生态循环回到自己体内。大量的塑料被遗弃在了大自然当中，对整个生态造成了不可逆转的破坏，只不过人们并没有真正地意识到塑料所造成的危害都有哪些，直到一篇篇的报道摆在我们眼前。

（1）微塑料

"微塑料"的概念是 2004 年英国普利茅斯大学的汤普森等人在《科学》（*Science*）杂志上发表的关于海洋水体和沉积物中塑料碎片的论文中首次提出的，指的是直径小于 5 毫米的塑料碎片和颗粒。事实上，作为"海中的 PM2.5"，微塑料的粒径范围从几微米到几毫米，是形状多样的塑料颗粒混合体，肉眼难以分辨。

我们的衣服、鞋子，房间里的食品包装、家用电器，正在使用的手机、电脑等大多含有塑料，这种高分子材料早已渗透我们的生活成为难以剥离的部分。20世纪50年代以来，全球塑料产量每年都在增加，但是大部分塑料在完成使命后并没有得到妥善的处理。一部分塑料垃圾被焚烧，大部分被填埋，还有一部分进入了自然环境。焚烧垃圾会产生有毒物质，暴露在自然环境下的塑料很难像其他垃圾一样降解。

大量的塑料垃圾进入海洋被海洋动物吞食，难以消化的塑料一直盘踞在动物胃中占据空间，导致动物因不能获取足够的营养而死亡；食物链底端的贻贝、浮游生物等会被处于上层的动物吃掉，微塑料随之进入上层动物体内，最终在食物链的富集作用下进入食物链顶端的人类体内。据英国《卫报》报道，2022年3月科学家首次在人体血液中检测到了微塑料，2022年4月英国科学家在人体肺部发现微塑料；2022年6月发表在《冰冻圈》（*Cryosphere*）上的一项最新研究显示，首次在南极洲的降雪中发现微塑料。地球的海拔两极珠穆朗玛峰和马里亚纳海沟也有微塑料的影子，微塑料已无处不在。

生物富集

作为国际上关注最为广泛的四类新型污染物（持久性有机污染物、内分泌干扰物、抗生素、微塑料）之一，微塑料在环境中的累积对生物、土壤和水产生了严重不良影响，因此如何降低微塑料水平已经是世界范围内的热门话题。

（2）吃微塑料的微生物

面对日益严峻的微塑料污染问题，除了循环利用、减少浪费这些耳熟能详的方法外，我们还有个得力助手——"微生物"。有些微生物具有分解微塑料的能力，很快就能正式加入处理微塑料的大军中帮助我们减少塑料垃圾，建设绿色生存空间。

微生物降解塑料垃圾的研究中最具有影响力的发现，一定非大阪堺菌（*Ideonella sakaiensis*）莫属。2016年，日本京都工艺纤维大学的微生物学家织田小平在考察一家塑料瓶回收站时在被塑料污染的沉积物和废水中发现了大阪堺菌。

大阪堺菌是一种以PET（聚对苯二甲酸乙二醇酯）作为主要营养来源的细菌。PET是由乙二醇和对苯二甲酸聚合而成的长链分子，是饮料瓶和合成纤维的常用材料。由于这种物质在自然界中并不存在,绝大部分微生物也就不具备分解这类塑料的能力。大阪堺菌能产生 2 种独特的酶,PET 酶和 MHET(单羟乙基对苯二甲酸酯)酶。PET 酶将长链的 PET 分子分解成更小的 MHET,MHET 酶能将 MHET 分子进一步分解为乙二醇和对苯二甲酸,这意味着大阪堺菌可以逆转 PET 的形成过程。若没有大阪堺菌,PET 在自然界中降解需要上百年之久!

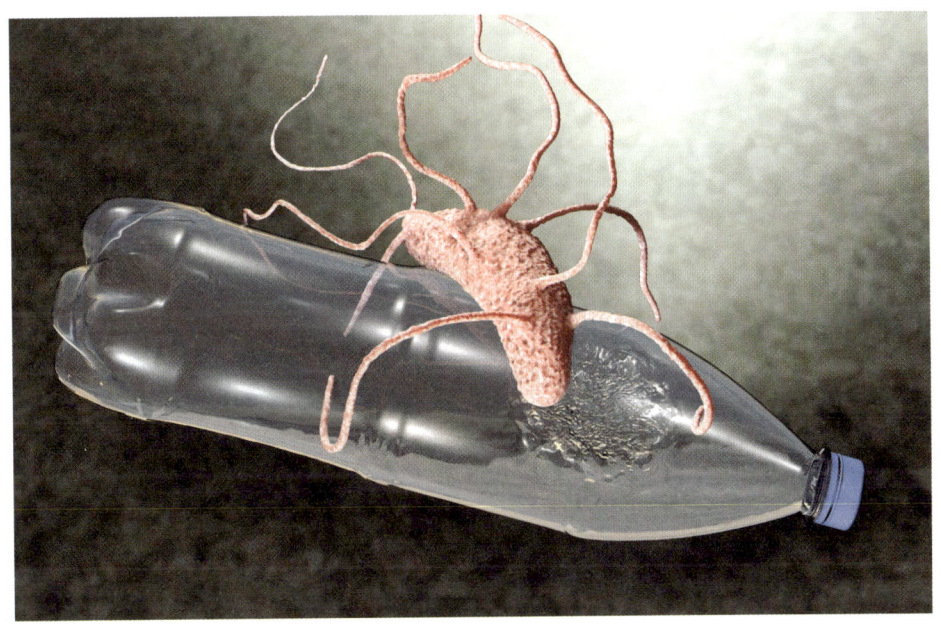

2018 年英国朴次茅斯大学的结构生物学教授约翰·麦吉汉和同事对大阪堺菌做了进一步的研究。为揭示大阪堺菌的工作原理,他们描绘了其形成的 PET 酶的三维结构。在研究 PET 酶的演化过程中,他们对其结构进行了调整,这竟然使它的工作效率提高了!显然,PET 酶还有改进的空间。麦吉汉教授继续尝试改良 PET 酶,希望它们能够在工业规模上降解塑料垃圾。2020 年,麦吉汉的团队报告称,他们将 PET 酶和 MHET 酶相耦合形成一种"超级酶",它降解 PET 的速度比这两种酶单独工作的速度快 6 倍。

其实早在 20 世纪 90 年代初就已经有了关于微生物降解塑料的发现,在 2000 年科学家就发现了可以降解塑料的酶。到 2015 年前后科学家更是发现了大量的塑料降解酶。为什么只有大阪堺菌的发现引起了轰动呢？答案正如麦吉汉所说："这种微生物的独特之处在于，它可以把塑料作为唯一的食物来源。这相当令人意外，在某种程度上显示了演化压力的作用。如果你是垃圾堆中第一个对塑料产生兴趣的细菌，那么你一下子就有了无限的食物来源。"

目前一些团体正在尝试将这类塑料回收技术规模工业化。2021年，法国的一家生物技术公司在克莱蒙费朗开设了工厂测试PET回收系统。他们使用了一种在堆肥中发现的酶，并对其进行了改造，使其工作速度更快，能在更高的温度下工作。在2021年7月发表的一项研究中，麦吉汉教授和同事估计了用酶回收PET再加工的成本，发现其可以与以化石燃料为原料的常规PET制造方法竞争。

充斥着塑料的环境促使微生物演化出分解塑料的酶，研究者的改造使它们变得更加强大。我们需要积极深入研究，对制造和使用塑料的方式进行变革，使塑料产品更加便于回收利用。

（3）微生物塑料

塑料是20世纪最伟大的发明之一，但它在给人们的生产和生活带来了极大的便利同时，其大量的使用和堆积对地球上的动植物都产生了恶劣的影响。因此，塑料袋被评为20世纪最糟糕的发明。我国在大力推广采用生物塑料来解决塑料污染问题。

生物塑料是生物基塑料和生物降解塑料的统称。生物基塑料常用的来源生物乙醇也是来自生物转化。最常用的两种生物降解塑料是聚羟基脂肪酸酯（PHA）和聚乳酸（PLA），也可以由微生物产生。

①聚羟基脂肪酸酯

PHA是许多微生物在体内合成的一类生物聚酯颗粒。在某些条件下，微生物体内合成的PHA含量可达到细胞干重的90%。PHA因具有良好的生物相容性而成为人们关注的焦点。近年来，通过生物合成和化学改性方法合成的 PHA 共聚物可大大降低生产成本，其机械性能和物理化学性能也得到了提高，改性后的 PHA 共聚物在生物医学领域具有较广泛的应用前景。

20 世纪 20 年代中期，法国科学家 Lemoigne 在巨大芽孢杆菌（*Bacillus megaterium*）中发现了可溶于氯仿的类脂肪包涵体，后证实为聚 3 羟基丁酸（PHB），随后大量的 PHA 被发现。如聚 3 羟基戊酸（3HV）、聚 3 羟基己酸（3HHx）、聚 3 羟基癸酸（3HD）等。迄今为止，已有 150 多种 PHA 单体被确认。

超过 90 个属的 500 种细菌具有 PHA 合成能力。PHA 在微生物细胞中以球状颗粒存在，颗粒内部是由 PHA 分子链构成的疏水内核，外部覆盖有亲水性酶和蛋白。许多细菌，如贪铜菌属（*Cupriavidus*）、假单胞菌属（*Pseudomonas*）、产碱杆菌属（*Alcaligenes*）、芽孢杆菌属（*Bacillus*）、气单胞菌属（*Aeromonas*）等，能在碳源充足但生长受限（缺少氮或磷等生长必需元素）条件下合成 PHA。

在 PHA 的生产过程中，高效低成本的发酵工艺是影响其成功规模化生产的关键因素之一。采用单一菌种发酵模式有利于发酵过程的控制及分析，目前文献报道过的 PHA 生产主要是采用的这种模式。如 *Cupriavidus necator*、*Escherichia coli*，在小试实验中的分别以甘油和葡萄糖为碳源，产生的 PHA 浓度分别为 8.25 克/升和 13.90 克/升。此外，*Azohydromonas lata* 以蔗糖为碳源，合成的 PHA 浓度达 27.6 克/升，占细胞干重的 95.6%。而 *Cupriavidus necator* H16 以咖啡油为碳源，合成的 PHA 产量高达 49.4 克/升。

混合发酵也可以用来生产 PHA。混合菌种发酵具有多菌种共生、酶系互补、杂菌污染风险低、中间产物积累少、省工节能、工艺设备简化及碳源选择范围大的优点，是探究规模化生产 PHA 的重要策略。有研究表明，将具 PHA 合成能力的芽孢杆菌和卓贝尔氏菌（*Zobellella* sp.）同时共培养 72 h，获得的 PHA 产量达 2.7 克/升，较纯菌种发酵提高了 2.08 倍。前面讲到的活性污泥菌群也可以用来生产 PHA，利用活性污泥中的混合菌群发酵合成 PHA 具有与单一菌种发酵相似或者更高的潜力，但目前的研究仍处于实验室阶段。

②聚乳酸生物塑料

聚乳酸（PLA）是以乳酸为原料聚合生成的高分子材料，具有无毒、无刺激性、强度高、易加工成型和优良的生物相容性等特点，制品在使用后可完全降解，因此，聚乳酸是一种能真正达到生态和经济双重效应的生物环保材料，是近年来开发研究最活跃、发展最快的生物降解塑料。其最突出的优点是生物可降解性，废弃后，其 CO_2 排放量与普通塑料相比可减少 60%。聚乳酸利用有机酸——乳酸为原料，被广泛应用于包装膜和泡沫材料、生态农用地膜、一次性塑料使用制品、纺织纤维、医用塑料制品等多个领域。

PLA 的合成一般采用生物—化学合成途径，可分为 3 个阶段：乳酸（LA）微生物发酵；LA 分离和纯化，然后制备环状二聚体（丙交酯）；LA 缩聚或开环丙交酯的聚合（ROP）。

发酵生产乳酸的菌种主要是乳杆菌属（*Lactobacillus*）、根霉属（*Rhizopus*）等。不同的乳酸菌所含酶系不同，代谢途径及形成的最终产物也不同。按代谢产物分类，乳酸菌对葡萄糖的发酵可以分为同型发酵和异型发酵。同型发酵只生成乳酸一种代谢产物；异型发酵除生成乳酸外，还生成乙醇、乙酸、CO_2 等。

3. 益生菌

如果问我们在生活中听到最多的关于微生物的名词，毫无争议位居榜首的一定是"益生菌"。早产儿、低体重儿等消化能力弱的婴儿需要补充益生菌促进肠道吸收，增加免疫力；便秘和腹泻人群需要补充益生菌促进肠道蠕动，平衡肠道菌群；中老年人肠道内益生菌因年龄增加而减少，需要补充益生菌保障肠道健康；先天性缺乏乳糖酶的人群、乳糖不耐受的人需要补充益生菌帮助分解乳糖；化疗或者放射治疗的肿瘤患者因为益生菌被化疗药物杀死而出现肠道菌群失衡，需要补充益生菌……

益生菌即有益的活性微生物，是定殖在人（动物）体内改变宿主某一部位菌群组成的一类对宿主有益的活性微生物的总称。人们已对益生菌促进营养物质的消化吸收、提高机体免疫力、维持肠道菌群结构平衡的作用耳熟能详,殊不知对环境而言益生菌也起着巨大的作用,益生菌在"碳中和"方面也起着重要作用。

有没有人想过有一天牛也会成为碳中和的主角呢?——包括牛在内的反刍动物确实是温室气体排放的"大户"。盖茨基金会此前曾做过一个有趣的对比,如果把全世界所有的牛当做一个国家,那么其碳排放量仅次于中国和美国。

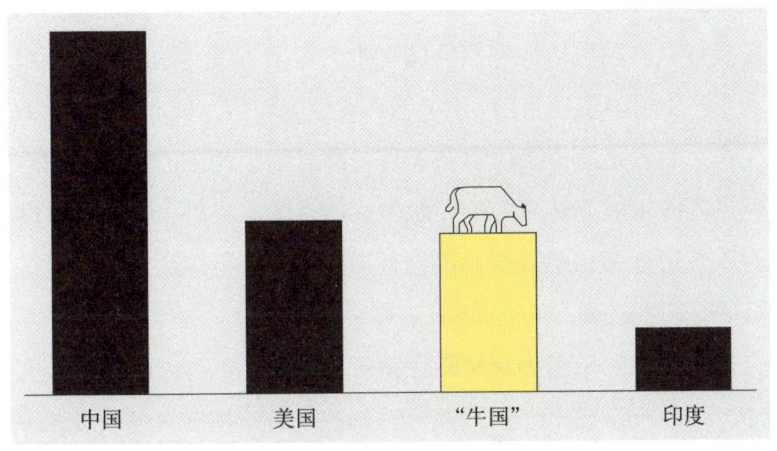

反刍动物瘤胃中的甲烷菌利用原虫、真菌等微生物降解饲料底物产生的甲酸以及饲料发酵所产生的挥发性脂肪酸(VFA)、氢气及 CO_2 通过氧化还原反应生成甲烷气体。甲烷造成温室效应的能力是 CO_2 的 25 倍,甲烷在养殖业主要来自牛等反刍动物。据 2021 年 FAO 和世界资源研究所的统计数据,包含养牛在内的畜牧业,温室气体总排放量占全球的近 15%,其中大部分来自奶牛等反刍动物通过打嗝和排泄物排放的甲烷。阿根廷国立农业科技学院曾做过一个实验,使人可以更加直观了解牛所排放的温室气体的数量。他们把温室气体收集器放在牛的背部,然后将喉管插入牛的第一个胃。这种装置工作一天,能够抽取到 300 升甲烷,用作发电的话可以推动一辆汽车,或为一部冰箱提供 24 小时电力。如果这还不够直观的话,再看看另外一个例子——德国中部城镇拉斯多夫的一个牧场,90 头奶牛集体放屁、打嗝,结果导致牛圈内甲烷聚集而引发农舍爆炸、奶牛受伤。

我们需要先了解一下反刍动物的瘤胃中甲烷生成的过程。食物被吞食后进入瘤胃中进行厌氧发酵，食物中的碳水化合物和其他纤维被瘤胃中的微生物分解成挥发性脂肪酸、H_2、CO_2、甲酸、乙酸等，接着 CO_2、甲酸、乙酸在甲烷菌的作用下生成甲烷。

大量实验证明用益生菌调控反刍动物的瘤胃是降低瘤胃甲烷生成量的有效途径之一，在牛饲料中添加益生菌可以直接降低瘤胃中甲烷的生成量。酵母菌通过改变瘤胃环境和改变发酵类型两种方式降低甲烷的产生。前者是利用酵母菌是好氧真菌可以快速消耗瘤胃中的氧气的特点制造厌氧环境，厌氧环境有利于产生可降低瘤胃内 pH 值的挥发性脂肪酸，低 pH 值能有效抑制甲烷菌的生长。后者是酵母菌可以在瘤胃发酵过程中刺激乙酸生成菌对氢气的使用，促进乙酸生成而达到降低甲烷生成的目的。另外，古菌测序结果表明酵母菌对甲烷短杆菌和甲烷丝状菌也有抑制作用，可以通过抑制甲烷生成菌的活动降低甲烷生成量。

研究表明，除酵母菌外，枯草芽孢杆菌（*Bacillus subtilis*）、地衣芽孢杆菌（*Bacillus licheniformis*）、乳酸菌等对调控反刍动物瘤胃环境降低甲烷生成量也有明显效果。不过目前对益生菌抑制反刍动物甲烷生成机制的研究尚少，仍需进一步探索。

4. 微生物肥料

碳元素是作物生长发育必需营养元素之一，植物的干样中含碳质量分数约为 49%；鲜样中含碳质量分数约为 18%，仅次于氧。植物所需的碳元素主要来自大气和土壤，在农业生产中主要由肥料施入土壤中供给。在农业生产中，减少温室气体排放对实现碳中和具有重要意义。

通过土壤中碳的固定保证土壤有机碳的含量是缓解全球气候变化的重要措施。作为陆地碳库，土壤有机碳在生态系统中发挥着重要作用。土壤有机碳通过影响土壤的物理、化学和生物特性，在养分的循环和转化中发挥着决定性作用，所以保持合理的土壤有机碳含量对于保证土壤质量和维持农业生态系统的生产力尤为重要。土壤生产力、凋落物、植物根系的分解速率以及肥料的施用量在很大程度上影响土壤碳固定，有机碳的矿化分解、土壤呼吸等方式则直接影响碳排放，碳固定和碳排放共同决定了土壤有机碳储量。

肥料在促进粮食增产等方面有着至关重要的作用，但长期施肥对农田土壤有机碳的含量有着显著影响。肥料有利于促进土壤微生物的繁殖和提高土壤酶的活性，增加可氧化腐殖质的含量，加快土壤有机质的矿化，但土壤有机质矿化率过高会降低土壤有机质含量、破坏土壤团聚结构、增加土壤排放至大气中的温室气体。

微生物在土壤中主要发挥两个作用：代谢活动可以增加土壤中氮、磷、钾等营养元素的供应，并将土壤中一些不能被作物直接利用的物质转换成可利用的状态；另外，微生物还可以对土壤进行修复，维持土壤质量。土壤中的微生物群落种类繁多，有细菌、真菌、放线菌、藻类和原生动物等。它们协同合作，有些微生物帮助土壤形成团粒结构，有些微生物分解有机质，有些微生物降解农残等。

作为外源微生物与作物和土壤环境的媒介，微生物肥料是由一种或数种有益微生物培养发酵而成的生物性肥料，通过其中所含微生物的生命活动，增加植物养分的供应量或促进植物生长，提高产量，改善农产品品质及农业生态环境。

微生物肥料与化肥作用方式在本质上是不同的。微生物肥料是通过大量活的微性生物在土壤中的生命活动来制造和协助作物吸收营养物质，刺激作物的生长，而不能直接提供作物吸收的营养物质（包括氮、磷、钾和多种矿质元素）。但生物肥料有利于保护生态环境，并且生物肥料的有些作用是不可替代的。与施用化肥相比，施用有机肥和生物有机肥显著降低了土壤 N_2O 排放量。

二、零碳革命，能源微生物身先士卒

生物质能是通过植物的光合作用而贮存于植物中的太阳能，是碳循环的一环（生物质→碳氢化合物 $+CO_2$ 和光 $+CO_2+H_2O$ →生物质），能实现 CO_2 的零排放。所谓的零碳排放,并不是没有 CO_2 排放,而是植物等自然方式补充等量的氧气与人们排放的 CO_2 相抵达到平衡。生物质能源是唯一可以多种形态(固、液、气)和功能(发电、非发电)对能源做出贡献的非化石能源,具有储量丰富、分布广泛、环境友好及"碳中性"等优点。据计算,生物质储存的能量比目前世界能源消费总量大 2 倍。

依据来源不同,可将适合于能源利用的生物质分为林业剩余物、农业剩余物、生活污水、工业有机废渣废液、城乡固体废物(生活垃圾、餐厨垃圾、果蔬垃圾)和畜禽粪便等六大类。微生物可以将其转化为甲烷、乙醇、油脂能进行能源化利用。

1. 厌"污"成气

这指的是能够将有机废弃物转化为沼气的厌氧微生物。

沼泽地或者污水沟深处经常会冒起一串气泡,如果把气泡中的气体收集起来,再提供一点火星,它们就会燃烧起来,这些气体就是自然界环境下产生的沼气。沼气是由意大利物理学家亚历山德罗·伏打(Alessandro Volta)

于 1776 年在沼泽地里发现的。1804 年，英国化学家、物理学家约翰·道尔顿（John Dalton）对沼气的组分进行了分析。沼气是有机物质在无氧、适温和适宜 pH 值环境下，通过微生物发酵产生的一种可燃烧气体，其主要成分是甲烷、CO_2、氮气等。

将生物腐殖质或者废弃物发酵成为沼气，变废为宝，平衡了我国焚烧秸秆污染环境和燃料短缺的矛盾、解决了畜牧养殖产生的畜禽粪便污染问题。沼气工程具有净化生态环境、提供清洁能源的优点，生产废料沼渣和沼液还可以作为有机肥料和饲料。沼气发酵技术已经在全国各地得到广泛应用，很多地方都已建立了沼气池，沼气化处理是一个完整的、系统的处理工程，需要原料前处理设施、高效厌氧消化器、沼渣和沼液暂存及后处理设施，以及沼气净化、储存、输配系统等。沼气能用于直接燃烧产生热能，也可以燃烧发电，也可以提纯后作为生物天然气使用。

（1）沼气产生的微生物过程

在整个沼气工程中，厌氧消化是核心。厌氧消化过程由水解发酵、产酸和产甲烷 3 个阶段组成，由多种微生物共同完成。在这 3 个阶段，有机物质被一步一步分解。水解发酵阶段，各种固体有机物水解成可溶性物质等待下一个过程被进一步分解利用。产酸阶段，单糖、氨基酸、脂肪酸等各种可溶性物质在细菌和酶的作用下，由可溶性物质分解转化成低分子物质，伴随着部分的氢、CO_2 和氨等无机物释放出来，该阶段大约 70% 以上的产物是乙酸。之后产甲烷菌将上一阶段产生的乙酸等简单有机物分解成甲烷和 CO_2，其中 CO_2 又与氢气反应还原成甲烷。该阶段主要产物是甲烷，所以该阶段称为产甲烷阶段。在厌氧发酵过程中发挥作用的细菌，通常根据细菌在厌氧发酵过程中起作用的阶段分类命名，分为发酵水解性细菌、产氢产乙酸菌和产甲烷菌 3 类，而产甲烷菌是厌氧发酵生产沼气的核心菌群。不产甲烷细菌产生的中间产物或者代谢产物可以作为营养物质提供给产甲烷菌进行生长繁衍。

（2）产甲烷古菌的发现

产甲烷菌（methanogen）这一名词由 Bryant 于 1974 年在国际上最具有权威性的细菌分类系统专著《伯杰氏细菌鉴定手册》（第八版）中提出。产甲烷菌是形态多样、具有特殊细胞成分、可代谢氢和 CO_2 生产甲烷的专性厌氧古菌。产甲烷菌包括氢营养型产甲烷古菌和乙酸营养型产甲烷古菌，它们一起参与厌氧发酵的第三个过程——产甲烷，虽然他们的形态和产气原理不一样，但它们具有相同的生理功能，即在严格厌氧条件下，将产乙酸阶段产生的乙酸、氢气和 CO_2 转化为甲烷、水和 CO。一起完成厌氧发酵的最后一步，实现有机物的顺利分解。产甲烷菌广泛分布于自然界，在污泥、人和动物的肠道、昆虫的肠道、变形虫的内共生体、湿树木、地热泉水、深海火山口、碱湖沉积物、淡水和海洋的沉积物、水田和沼泽等厌氧环境中都有产甲烷菌存在。

产甲烷古菌是地球上最古老的生命形式之一，从 34.6 亿年前就出现在地球上。早在 2 000 多年前，居住在我国四川省地区的人们就使用天然气作为燃料了。西方世界在古罗马时期也有记载从地下冒出了可燃气体的情况。科学家推测这些天然气可能是植物和其他有机物在地下埋藏过程中发

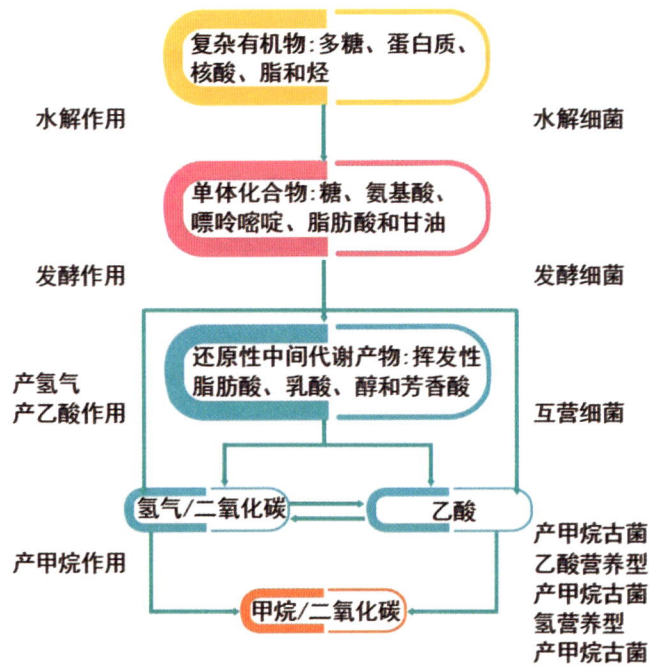

酵产生的。到1630年，比利时的医生范海门特（Van Helment）记述了15种气体，其中有一种是有机物腐烂过程中出现的可燃性气体，后续发现动物的肠道中也存在这种气体。1857年，法国人巴斯德（Louis Pasteur）根据他的曲颈瓶实验明确指出，物体腐败的真正原因是微生物对物体产生作用。据此理论，他的学生贝坎普（Antoine Bechamp）研究认为甲烷的形成是一个微生物参与的过程。巴斯德还发现如果用乙醇作为唯一碳源，使用碳酸盐作为缓冲剂的厌氧富集物也会产生甲烷，这是第一个证明了甲烷可以由简单有机物产生的实验。1875年，俄国学者坡波夫（Popoff）将纤维素与污泥混合，结果也产生了甲烷气体。第一个试图分离产甲烷菌的人是俄国的微生物学家奥姆良（B. L. Omelauskie），他用巴氏消毒法处理他的一个产甲烷的纤维素富集培养物后，这个培养物只产生氢。因为巴氏消毒法可以杀死无芽孢的产甲烷菌，而不能杀死产生芽孢的发酵性细菌。因此他将厌氧分解纤维素的微生物分为两类：一类是产氢产乙酸菌；一类是产甲烷细菌。1936年，巴尔克（Barker）接种并研究了类似的富集物，为了表示对奥姆良的尊敬，他将其命名为奥氏甲烷杆菌（*Methanobacterium omelianskii*）。1956 年，巴尔克观察到奥氏甲烷杆菌培养物中有芽孢生成，因而重新命名为奥氏甲烷芽孢杆菌（*Methanobacillus omelianskii*）。1974 年，Bryant 首次提出了产甲烷菌一词，将其与消耗甲烷的嗜甲烷菌（methanotrophs）区分开来。他发现原来被认为是"奥氏产甲烷菌"的一种细菌，实际上是由两种不同细菌组成的，该细菌培养物不仅能以乙醇为底物，还能以丙酮和丁醇为底物，依据此发现，他将发酵分成产酸和产甲烷的两个阶段。上述研究结果充分证明了厌氧消化过程中所产生的沼气来自微生物。1980 年，我国学者周孟津等从猪粪发酵液中分离获得甲烷八叠球菌属（*Methanosarcina*）细菌的纯培养物。

（3）产甲烷古菌特性

产甲烷古菌是一类极端严格厌氧、化能自养或化能异养的微生物。全球每年约有一半以上的甲烷是由产甲烷古菌在缺氧环境中形成的。产甲烷古菌具有多种不同的形态，在结构发育上有很大差异。然而人们也逐渐认识到这些产甲烷古菌所共有的生理特性：一是产甲烷古菌的生长要求严格的厌氧环境；二是这些细菌所直接利用的底物有限，产甲烷古菌只能利用简单有机物，这与其他微生物用于生长和代谢的能源和碳源明显不一样，这是自然发展的选择，为了复杂有机物的厌氧发酵能够按序进行。这两个特性使人们对甲烷发酵的理论研究进展缓慢。直到 20 世纪 60 年代亨盖特（Hungate）厌氧技术的建立，使厌氧消化微生物学的研究工作得到迅速发展。大部分产甲烷菌可以利用氢，这一部分产甲烷菌又分为两类，一类可以利用甲酸，一类只能利用氢而不利用甲酸。后来的研究发现，一部分可以利用氢的产甲烷菌还可利用伯醇和仲醇，这一发现推翻了传统的看法（认为除甲醇外，其他醇都不能被产甲烷菌直接利用）。产甲烷菌均能利用铵态氮为氮源，但对氨基酸的利用能力差。所有产甲烷古菌的生长均需要 Ni、Co 和 Fe。此外，有些产甲烷古菌需要其他金属元素，如 Mo 能刺激嗜热自养甲烷杆菌和巴氏甲烷八叠球菌的生长。有些产甲烷菌的生长需要较高浓度 Mg 的存在。

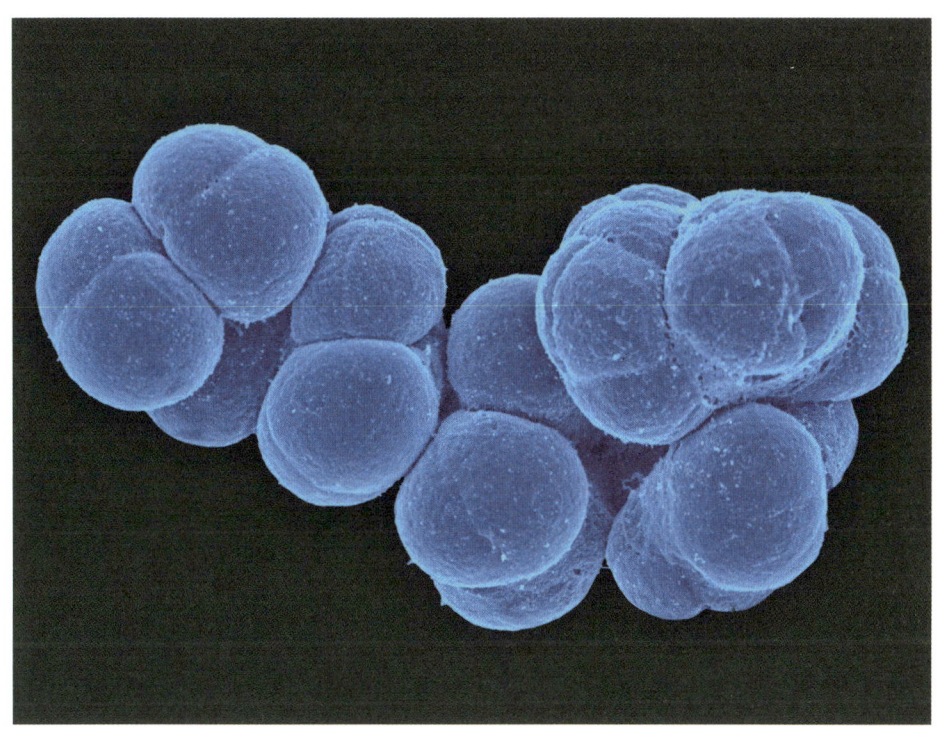

湿地甲烷是大气中甲烷的主要来源，占总排放的30%～50%，产甲烷古菌是湿地甲烷排放的主要贡献者。越来越多的研究表明，湿地甲烷排放正在加剧，对全球碳排放控制目标构成威胁。水稻田也是大气甲烷的重要排放源，全球稻田甲烷每年排放量约为2 560万吨，占全球甲烷排放量的10%～25%。反刍动物在瘤胃中产生了大量的甲烷每年，这也是大气甲烷的重要来源，反刍动物产生的甲烷占总全球甲烷排放量的15%。反刍动物瘤胃内的甲烷主要由氢营养型和甲基营养型产甲烷古菌产生，*Methanobrevibacter* 和 *Methanomassiliicoccus* 是其中主要的产甲烷类群。油藏也是产甲烷古菌的一类重要生境，产甲烷古菌在原油降解和生物气形成过程中发挥着重要作用。油藏是一个巨大的产甲烷古菌资源库，可能存在许多目前尚未发现的具有产甲烷功能的古菌。

(4) 沼气技术在中国的应用

沼气技术在中国的发展已经有 100 多年的历史。1921 年，我国台湾省新竹县人罗国瑞就在位于汕头新兴街的私宅内建造了以他的名字命名的沼气池——国瑞天然瓦斯库，供应全家煮饭、照明之用，并于 1929 年在广东汕头市开办了我国第一个沼气推广机构——国瑞瓦斯气灯公司。1931 年在上海又成立了中华国瑞天然瓦斯全国总行，还在全国建立了 10 多个分行，使沼气利用遍及 13 个省。但是由于战争等原因，中华国瑞天然瓦斯全国总行于 1942 年停业，随后各分行倒闭，沼气技术在我国的第一次推广以失败告终。

1957 年，曾经于 20 世纪 30 年代学习过沼气建造技术的姜子钢，在武昌成功建造沼气池，《人民日报》对此进行了报道，之后，全国各地纷纷派人到武昌学习。1958 年上半年，农业部在北京举办了全国沼气技术训练班。1958 年 4 月 11 日，毛泽东指示："这要好好地推广。"全国掀起了大办沼气的热潮，建池数量一度达到数十万个。但是，该时期由于严格厌氧微生物技术上的难关未能突破，理论研究未能深入下去，修建的沼气池又缺乏正确的技术管理，留下来能够使用的沼气池为数很少。

1970—1978年，由于国际能源出现危机，我国能源短缺、生态恶化的问题也日趋严重，我国再次出现沼气建设热潮。1970年10月，四川省中江县龙台区部分农民为解决生活能源短缺，重新办起了沼气，并获得了很好的效果，受到了国务院有关部门的高度重视。不到10年，全国农村沼气池就发展到700多万个。但由于技术不成熟，沼气池是老式的"远、大、深"池子，加上急于求成、土法上马等原因，建成的沼气池使用年限很短，大量沼气池成为"怄气池"，曾一度引起一些人对沼气技术的疑虑，严重地影响了沼气建设的发展。

1979年，国务院成立了全国沼气建设领导小组，认真总结了沼气工作中的经验教训。农业部在成都成立沼气科学研究所，专门从事沼气科学方面的研究。1980年又成立了中国沼气协会，组织沼气技术工作者对沼气的关键技术进行协作攻关，提出了"因地制宜、坚持质量、建管并重、综合利用、讲求实效、积极稳步发展"的沼气建设方针，开展了大规模的基础应用技术研究，引进消化国外厌氧研究新成果，逐步形成了规范标准的水压式沼气池及相配套的科学建池技术、发酵工艺及配套设备，使我国沼气建设进入了健康、稳步发展的阶段。

2000年，我国启动以推广以户用沼气池为纽带的"生态家园富民工程"，随着国家"小型公益设施补助资金农村能源项目"和"国债资金农村沼气建设"项目的实施，我国农村沼气建设从试点示范阶段转入大规模的技术推广和工程建设阶段，2015年底，我国户用沼气数量达到4 193.3万户。近年来，随着农村生活方式的转变，户用沼气的利用率有所下降。

与此同时，以养殖场粪污和农作物秸秆为原料的大中型沼气工程发展迅速，2016年中国农业沼气工程最多达11.31万处，总池容为1 945.62万米^3，年产气量24.3亿米^3。近年来虽然工程数量有所下降，但是总池容仍在增加，2021年底，我国沼气工程数量为9.3万处，总池容为2 929万米^3。

这是位于湖北省襄阳市宜流水镇，由湖北绿鑫生态科技有限公司建设与运营的一处生物天然气工程。该项目整个项目占地100亩，包含3条沼气生产线，共6座沼气发酵罐，总容积17 184米³，另有1个容积2 512米³的沼液缓存及回流池，预处理及青贮、黄贮设施13 000米²。发酵原料主要是玉米、水稻、小麦、花生类秸秆，另外处理部分鸡粪、牛粪、猪粪等养殖粪污以及烂尾瓜果，园林废弃物，食品行业发酵尾料等。设计日产沼气35 000米³。沼气用于发电和生产生物天然气，配置有2台热电联产发电机组，总装机容量1 437千瓦（800千瓦+637千瓦），另有1套日产15 000米³生物天然气提纯系统。另外，还配套建设有6条箱式沼渣好氧快速堆肥装置，设计年产有机肥30 000吨。

湖北宜城秸秆处理沼气工程

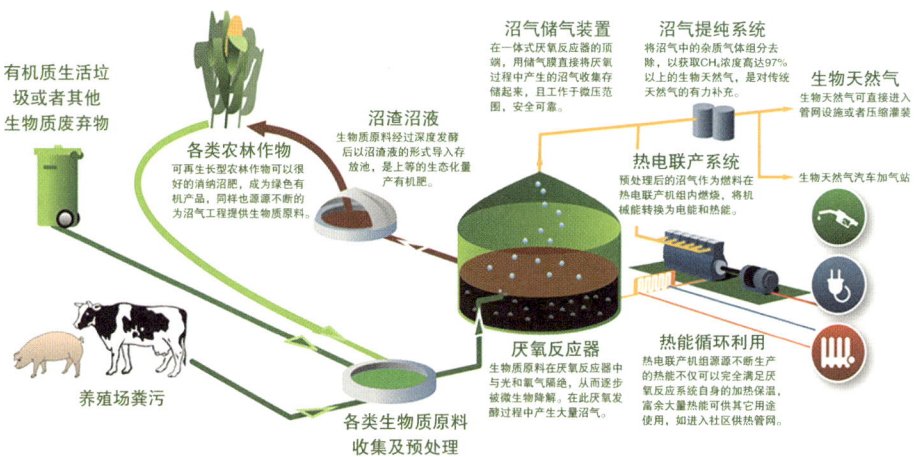

2. 酵"糖"为醇

这里讲的生物燃料乙醇,是含淀粉(玉米、小麦、薯类等)、纤维素(秸秆、林木等)或糖质(甘蔗、糖蜜等)等生物质原料经微生物发酵蒸馏制成的可以作为燃料用的乙醇。生物燃料乙醇经变性后与汽油按一定比例混合可制车用乙醇汽油。从工艺角度来看,生产生物燃料乙醇的生物质原料只要含有可发酵性糖(如葡萄糖、麦芽糖、果糖和蔗糖等)或可转变为发酵性糖的原料(如淀粉、菊粉和纤维素等),就都可以作为生产原料。

(1)乙醇生产工艺的发展史

我国古代劳动人民很早就开始使用谷物酿酒了,酒的主要成分就是乙醇。我国古代酿酒的历史可以追溯到 7 000 年前的新石器时代。河南省台西村商代遗址中发现了重达 8.5 千克的酿酒酵母残存物。在西周时期,酒曲就出现了,把糖化和发酵这两个过程结合为复式发酵法,使酿酒工艺脱离原始阶段,使酒的质量产生了一个飞跃。到了东汉时期,蒸馏法制酒出现了,有了烧酒(白酒)。

早在 20 世纪初期,生物乙醇就已在欧洲和美国出现了,但因其生产成本比汽油高而被忽视。20 世纪 70 年代,第一次世界石油危机暴发后,人们才开

始关注生物燃料乙醇的生产。巴西生物燃料乙醇起源于1973年,由于两次石油危机严重打击了巴西的经济、庞大的甘蔗产业为其提供原料、车用乙醇汽油全覆盖及相关政策和税收上的引导和支持,巴西成为世界第一个发展乙醇汽油和最早推行生物燃料乙醇应用的国家。目前,巴西已成为第二大生物燃料乙醇生产国和第一大生物燃料乙醇出口国。美国生物燃料乙醇兴起稍晚于巴西,但由于转基因玉米技术和相关政策的扶持,在2006年美国生物燃料乙醇的总产量已超过巴西,跃居世界第一。自2013年起,美国先后建立3个大型纤维素乙醇厂,分别是:艾奥瓦州Dupont公司,年产9万吨;艾奥瓦州POET-DSM先进生物燃料公司,年产7.5万吨;堪萨斯州Abengoa公司,年产7.5万吨。这3个厂均采用玉米秸秆和玉米芯等作主要原料,由于国际原油价格暴跌和经济效益等因素,目前只有DMS公司处于运行状态。

生物燃料乙醇生产技术按原料来源可分为3代:以玉米、小麦、甘蔗、甜菜等原料的第1代生物燃料乙醇技术;使用木薯、甘蔗等非粮经济作物作为原料的第1.5代生物燃料乙醇技术;以农、林废弃物(秸秆、木屑)为主要原料的第2代燃料乙醇和以微藻为主要原料的第3代生物燃料乙醇技术。

第 1 代生物燃料乙醇技术已比较成熟，在世界各国广泛使用。但随着我国国内储备陈粮减少，国家补贴和税收优惠政策已取消，且此技术存在与民争粮等问题。其工艺流程一般分为 5 个阶段，即液化、糖化、发酵、蒸馏、脱水，与传统酿酒工艺类似。

第 1.5 代生物燃料乙醇主要以木薯等淀粉类非粮作物为原料，这些原料大规模种植于我国南方地区或通过东南亚等热带地区进口，但薯类纤维、果胶及支链淀粉含量高，造成薯类醪液黏度高，无法发酵生产高浓度乙醇，且淀粉利用率低。木薯在中国大规模种植同样存在"与粮争地"的问题，目前 1.5 代生物燃料乙醇技术未能大规模应用。

以小麦秸秆、玉米秸秆等原料为主的第 2 代生物燃料乙醇技术越来越受到人们的重视。第 2 代生物燃料乙醇具有"不与人争粮，不与粮争地"等优点，将会是我国生物燃料乙醇产业化的主要方向。但是目前纤维乙醇生产成本还明显高于玉米和其他非粮原料。

第 3 代生物燃料乙醇主要利用藻类生产，技术尚不成熟，还远未达到工业化生产水平。该技术路线是利用藻类等高效光生物反应器为原料生产燃料乙醇，具有生产周期短、光合效率高、吸收大气中 CO_2 等优点，目前正处于研发起步阶段。

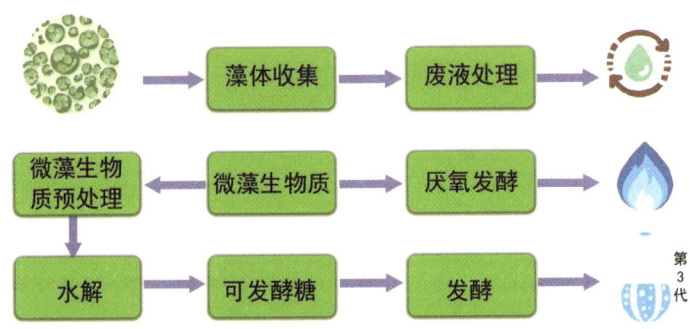

（2）生物燃料乙醇生产的微生物过程

许多种微生物都能发酵生产乙醇，而且不同的微生物发酵途径各不相同，也就是产乙醇的机理是不一样的。但发酵生产乙醇，几乎都是用酵母发酵进行，菌种主要是酿酒酵母（*Saccharomyces cerevisiae*）、鲁氏接合酵母（*Zygosaccharomyces rouxii*）、卡尔斯伯酵母（*Saccharomyces carsbergensis*）。酿酒酵母是日常生活中和传统工业中最常见的发酵菌株，是淀粉质生物乙醇的主要生产菌株。酿酒酵母具有生长周期短、发酵能力强、容易进行大规模培养等优点。酿酒酵母的生理和遗传特性已经被证实可以进行工业生产并且可以进行相应的基因工程改造。然而酿酒酵母不能利用戊糖，也就是木质纤维素水解后的第二大单糖，这成为限制木质纤维素乙醇商业化的主要原因之一。在纤维素乙醇的生产中，酿酒酵母可以高效利用葡萄糖将其发酵生产乙醇，并且具有较强的产物耐受性。但是，酿酒酵母不能直接利用五碳糖限制了其在纤维素乙醇产业之中的发展，尽

管可以通过基因工程改造的方法，为其增加外源的木糖代谢途径，却容易造成木糖醇的积累。除此之外，酿酒酵母的高温耐受性差。所以，酿酒酵母无法胜任纤维素乙醇的工业化生产工作，难以成为工业化生产纤维素乙醇的菌株。

严格厌氧、适宜生长温度55～60℃、革兰氏阳性的梭菌属（*Clostridium*）细菌，如热纤维梭菌（*C. thermocellum*）、热解糖梭菌（*C. thermosaccharolyticum*）等，有可能将发酵生产乙醇的第一阶段和第二阶段变成一步发酵，简化工艺，并能以许多来源广、价格低的原料直接发酵，降低生产成本。

热纤梭菌是一种嗜热的、厌氧、产孢子的革兰氏阳性细菌。外形杆状，属于厚壁菌门。热纤梭菌能够利用一系列纤维质的底物进行生长，比如纤维素、半纤维素，也可以利用纤维素降解所产生的纤维糊精、纤维二糖、葡萄糖等。产物包括甲酸、氢气、乙酸、乙醇和乳酸等。在底物的利用方面，热纤梭菌利用纤维二糖优先于葡萄糖，以纤维二糖培养积累的生物量也要高于葡萄糖，而对于纤维素的利用明显低于纤维二糖。

3. 产氢的微生物

我们小时候都玩过氢气球，氢气很轻，撒手后气球会飞得很高很高，直到消失在你的视野中。现在市场上很多会飞的气球用的是氦气，那是因为氢气很活泼、很危险，遇到火星就会燃烧，产生淡蓝色的火焰，甚至可能会爆炸。

氢能热值高，是同质量焦炭、汽油等化石燃料热值的2～4倍。它既可以和氧气通过燃烧产生热能，也可以通过燃料电池转化成电能，而且在这些转化中并不产生温室气体。所以氢能是一种可实现零碳排放的可再生清洁能源，正逐步成为全球能源转型发展的重要载体。运送"嫦娥5号"的长征五号火箭主发动机推进剂便是液氢，科幻小说《流浪地球》中12 000座行星发动机里燃烧的也是氢。

微生物制氢指的是利用某些微生物代谢过程来生产氢气的一项生物工程技术。主要包括发酵制氢和光合作用制氢。发酵制氢是利用异养的厌氧菌或固氮菌分解利用多种小分子底物制取氢气。光合作用制氢是利用光合细菌或微藻转化太阳能来制取氢气。

微生物制氢具有转化效率较高、成本低廉、环境效益好的特点，且微生物代谢途径多种多样，制氢过程可在常温常压下进行。同时也可将氢能源的生产与环境污染治理、废弃物利用以及太阳能转化等方面相结合。微生物制氢被认为是目前最具发展潜力的制氢方法之一。

（1）微生物为什么能产生氢气？

为什么微生物能产生氢气呢？这主要得益于它们体内存在的产氢酶。微生物产氢过程中能够使质子还原为氢气的酶有固氮酶和氢化酶两种。

固氮酶能催化还原氮气成氨，氢气作为副产物产生。常见的固氮酶是钼固氮酶，由固氮酶和固氮酶还原酶组成。固氮酶还原酶将外部电子供体的电子传递给固氮酶，固氮酶将氮还原为氨，同时催化质子的还原：$N_2+8H^++8e^-+16ATP \rightarrow 2NH_3+H_2+16ADP+16Pi$。固氮酶除钼固氮酶外，还包括钒固氮酶和铁固氮酶，钒固氮酶和铁固氮酶可以为质子还原分配更多的电子，因而具有比钼固氮酶更强的放氢能力。

氢化酶是微生物体内调节氢代谢的活性蛋白。根据氢化酶的催化特性，可分为吸氢酶、放氢酶和双向氢化酶等类型，许多氢化酶是双向的，也就是说，它们既是摄取 H_2 的酶，也是产生 H_2 的酶，$2H^++2e^- \rightleftharpoons H_2$，这取决于细胞中的生理环境。微生物制氢就是利用固氮酶制氢和可逆产氢酶制氢。

固氮酶制氢耗能高，总体产氢效率低。而可逆产氢酶系光水解制氢，以太阳能为能源，以水为原料，催化效率高，能量消耗少，生产过程清洁，可以实现光能吸收系统的组织、能量的自发积累和定向快速转化，该制氢路线被认为是最有应用前景的方向，因而备受世界各国生物制氢研究机构的关注。

（2）哪些微生物能产生氢气？

能产生氢气的微生物主要包括如下几类：藻类（直接或者间接）利用光能光解水制氢；厌氧细菌在黑暗条件下分解有机物的厌氧细菌制氢（暗发酵）；光合细菌在光照条件下分解有机物的光合细菌制氢（光发酵）。其中藻类包括绿藻和蓝藻（蓝细菌），它们的形态多种多样，但是大都是单细胞的生物，能够适应不同的环境。

绿藻和蓝藻可以通过体内光合系统将水分解为氢气和氧气，其最大光转化效率可以超过 10%。从长远的角度看，直接利用太阳能分解水的藻类产氢的技术可能是最具潜力的生物制氢方式，但在仍有很多的技术障碍需要克服。

种类	优势	代表微生物	
绿藻	以水为底物进行产氢；太阳能转化效率高	斜生栅藻 莱茵衣藻	
蓝藻	以水为底物进行产氢；固氮酶主要催化产氢	多变鱼腥蓝细菌 海绵状念珠蓝细菌	
光合细菌	能将氢气生产和废水处理过程相耦合，能利用较宽频谱的太阳光作为能源进行氢气生产；能广泛利用多种小分子的有机酸进行氢气生产	荚膜红细菌 球形红细菌 深红红螺菌	
厌氧菌	不依赖光能，可进行昼夜连续产氢；能广泛利用各种碳源进行产氢，如葡萄糖、蔗糖等；同时可生成有价值的副产物，如乙酸、乳酸、丁酸等小分子有机酸	大肠杆菌 丁酸梭菌 普通脱硫弧菌 埃氏巨球形菌	

① 微藻光合制氢

微藻光合制氢以太阳能为能源、以水为原料，通过微藻的光合作用及其特有的产氢酶系把水分解为氢气和氧气。其特点是催化效率高、能量消耗小、生产过程清洁，是目前生物制氢研究领域的重中之重。

绿藻不含固氮酶，产生氢气的酶是氢化酶。绿藻和我们常见的高等植物一样，都具有两个光合系统，光系统Ⅰ（PSⅠ）和光系统Ⅱ（PSⅡ）。其光水解制氢可以分为两个步骤：第一步，通过PSⅡ光合作用裂解水，产生质子和电子；第二步，通过可逆产氢酶系，还原质子为氢气。另外，在绿藻细胞内还有另一条产氢途径，就是通过葡萄糖等底物分解代谢产生的还原剂作为电子供体，电子流向氢酶用来产氢。

绿藻中的莱茵衣藻（*Chlamydomonas moewusii*）氢化酶活性高，是蓝藻的10~100倍，其培养成本低、生长周期短、遗传背景清晰，被国际上认为是研究绿藻生物制氢的模式物种。另外，斜生栅藻也有很好的产氢能力。

蓝藻中有氢化酶，可以像绿藻那样产氢气。同时蓝藻中也有固氮酶，一般认为蓝藻主要利用固氮酶把氮气和质子转化为氨气和氢气。但是作为固氮反应的副反应，蓝藻产氢反应速度仅是固氮速度的1/4~1/3。氧气可抑制固氮酶产氢，但一些蓝藻含有具保护作用的异形细胞，它使固氮酶在有氧环境中也不失活，能继续进行固氮产氢。

②光合细菌制氢

光合细菌是一类能够进行不放氧光合作用的水生微生物的总称，广泛存在于自然界的海洋、江河、湖泊、水田富含有机质的污泥中。光合细菌属于原核古生菌，在固氮酶或氢化酶催化下，将光合磷酸化与还原性物质代谢相耦联，利用吸收的光能及代谢产生的还原力产生氢气。

光发酵产氢过程是厌氧光合细菌根据从有机物如低分子脂肪酸中获得的还原能力和光提供的能量将H^+还原成氢气的过程。许多光合细菌在黑暗条件下可以通过厌氧发酵产氢，氢化酶在厌氧暗发酵产氢过程中起主要作用。研究证实，光合细菌的厌氧暗发酵产氢机制与严格厌氧菌很相似，都是以葡萄糖、有机酸、醇类物质为底物，在氢酶代谢过程中产生氢气，该过程不需外加光能。光合细菌厌氧暗发酵产氢过程相对简单，但是在黑暗条件下有机物降解不彻底，分解速度缓慢，产氢效率较低。

固氮酶是光合细菌光合产氢的关键酶，在为细胞提供足够的ATP和还原力的前提下固氮酶可以将氮气转化成氨气，同时质子转化成氢气。产氢是光合细菌调节其机体内剩余能量和还原力的一种方式，对其生命活动非常重要。

③厌氧发酵制氢

厌氧发酵制氢是指发酵细菌在黑暗环境中降解生物质制氢的一种方法。发酵底物在氢化酶的作用下，通过发酵细菌生理代谢释放分子氢的形式平衡反应中的剩余电子来保证代谢过程的顺利进行，主要通过丙酮酸脱羧和辅酶Ⅰ的氧化与还原平衡调节2种途径产氢。与光合生物制氢相比，厌氧发酵过程制氢具有产氢能力高、产氢速率快、产氢持续稳定、反应装置的设计操作简单、原料来源广泛且成本低等特点，更易于实现规模化生产。

厌氧发酵制氢主要包括丁酸型发酵制氢、丙酸型发酵制氢、乙醇型发酵制氢和混合酸型发酵制氢4种发酵类型。能进行丁酸型发酵制氢的菌类主要是一些厌氧菌和兼性厌氧菌，主要优势种群是梭菌属（*Clostridium*），如丁酸梭状芽孢杆菌（*C. butyricum*）等。在发酵过程中的末端产物主要是丁酸、乙酸、氢气、CO_2和少量丙酸。许多可溶性的碳水化合物（如葡萄糖、蔗糖、淀粉等）主要是以丁酸型发酵为主。丙酸型发酵细菌主要有丙酸杆菌属（*Propionibacterium*）。其末端产物是丙酸和乙酸，气体产物非常少。乙醇型发酵制氢是最近几年发现的一种新型制氢方法。这一发酵类型的优势种群目前不清楚，推测可能与细菌乙醇发酵种群有关。其末端产物主要是乙醇、乙酸、CO_2、氢气和少量丁酸。混合酸型发酵，即发酵产物除乙酸还有2种或2种以上优势液相产物，或者没有显著特征可以确定为以上3种发酵类型。该类发酵类型优势种群可能为混合酸发酵细菌，也可能为其他发酵细菌多种优势种群并存。

4. 微生物燃料电池

微生物燃料电池是一种利用微生物将有机物中的化学能直接转化成电能的装置。微生物燃料电池由阳极产电微生物、阳极、阴极、分离膜、电池结构和阴极电子受体组成，其中产电微生物是核心。生物质在阳极被微生物氧化产生质子和电子，质子透过质子交换膜到达阴极，电子通过外电路负载到达阴极，阴极的电子和质子在阴极催化剂的作用下与氧化物（如氧气、铁氰化钾）反应，生成水或亚铁氰化钾，完成电池内部电荷的传递，同时外电路负载获得电流。整个电极反应过程达到物质平衡与电荷平衡。

早在1910年，英国植物学家马克·比特就发现了细菌的培养液能够产生电流。他用铂作电极，将其放进大肠杆菌和普通酵母菌培养液中，成功制造出了世界上第一个微生物燃料电池。近年来微生物燃料电池技术发展迅速，拓展出了微生物电解电池（MEC）、微生物脱盐电池（MDC）、微生物传感器、合成生物制品等新型发展方向，从而在产电的同时，实现污水处理、脱氨脱硝、制取燃料、合成化学品等，这使其具有了独特的技术及功能上的优势，显现出了广阔的应用前景。

（1）微生物燃料电池是怎样工作的？

生物反应的过程中通常会有能量和电子的产生，而微生物燃料电池能帮助人们"薅可生物降解的、还原的化合物的羊毛"，将它产生的能量和电子利用起来。微生物电池分为阳极区和阴极区，产电微生物多聚集在阳极附近，在厌氧环境下，代谢碳水化合物或者废水中的许多复杂物质产生电子和质子，电子传递到阴极被还原，质子通过交换膜到达阴极。

微生物燃料电池的装置通常都是由两个槽构成（也有一个槽的），分别为阳极槽和阴极槽，中间隔着质子交换膜，阳极槽为厌氧，阴极槽为好氧，微

生物在阳极槽内将基质降解后，释放出电子和质子，电子经由外部回路到达阴极，质子则通过质子交换膜到达阴极，两者在阴极表面与氧反应生成水。各种各样的微生物燃料电池的主要差异是产电微生物、利用基质及传递路径的不同，主要装置和原理是大同小异。

与其他利用有机物的现有技术相比，微生物燃料电池具有操作和功能上的优势。一是它能将底物转换为电能，具有很高的能量转换效率。二是微生物燃料电池可以在室温甚至低温下有效工作。三是微生物燃料电池产生的废气主要成分是 CO_2，不需要再处理。四是微生物燃料电池不需要能量输入，只需要通风就能被动补充阴极气体。五是微生物燃料电池不需要足够的电力基础设施，在偏远山区有推广的潜力。总之，微生物燃料电池可以满足人们能源需求的多样性，保护自然环境。

（2）微生物燃料电池分类

微生物燃料电池完整的电子传递过程如下：微生物在细胞内部实现有机物的代谢分解，这个过程产生的电子会被传输到细胞膜上，之后细胞膜上的电子继续运输到电池的阳极，同时有一部分电子会走外部电路到达阴极，阴极表面的电子受体将作为氧化剂，在和电子结合后将电子氧化。有机质代谢分解产生的质子，需要经过阳离子交换膜，从电池阳极区扩散到电池阴极区。

微生物燃料电池有 3 种发电模式：第一种是以海水作为电解质溶液发电，有机废水是没办法通过这个方式进行发电的；第二种是利用嗜阳极微生物还原有机物发电；第三种方法是微生物利用发酵产物原位发电，该方法的电极催化剂需要使用重金属，工业成本较高。目前研究较多的发电模式是第二种。嗜阳极微生物可以通过自身能力从有机物质中得到电子，之后利用电子进行氧化还原反应，实现溶液内部的电荷平衡并产出能量。有一些菌种由于电子平衡机制的原因，能量不能被有效地消耗，于是就会转变成电能输出到体外，这一部分菌种就参与了微生物燃料电池的建设。

微生物燃料电池有 3 种产电原理，根据其不同可以分为氢微生物燃料电池、光能自养微生物燃料电池和化能异养微生物燃料电池。氢微生物燃料电池是将生物制氢技术与微生物发电技术结合起来，利用微生物生产氢气，再利用电极氧化氢气产生电能。光能自养微生物燃料电池的产电原理是不需要有机物质，仅仅利用感光微生物的光合作用消耗水把太阳能转化为电能。化能异养微生物燃料电池是3种产电方式中研究最多的微生物燃料电池，主要是从有机物质中提取电子，通过电子在电极上的转移产生电能。

根据阳极区的电子传递方式，微生物燃料电池可分为间接微生物燃料电池和直接微生物燃料电池。燃料在电解液中或其他处所反应，电子通过氧化还原介体传递到电极上的电池就称为间接微生物燃料电池。直接微生物燃料电池不需要氧化还原介体，电子直接从细胞表面转移到电极，再由催化剂催化电极发生氧化还原反应。

①间接微生物燃料电池

根据微生物产电的原理，间接微生物燃料电池可以使用所有的微生物作为催化剂。根据以往经验来看，一般使用普通变形菌、枯草芽孢杆菌和大肠杆菌等微生物作为催化剂。尽管电池中的微生物可以将电子直接传递至电极，但电子传递速率很低。微生物细胞膜含有不导电的物质，电子直接传递就会受到阻碍，因此直接微生物燃料电池的电子传递效率低，产电效率就低，大部分微生物电池还是间接微生物燃料电池，使用氧化还原介体促进电子传递。部分有机物和金属有机物可以当微生物燃料电池的电子传递介体，他们的功能主要取决于它们在电极发生氧化还原的速率，比较常用的是硫堇类、吩嗪类有机物。

②直接微生物燃料电池

间接微生物燃料电池使用的氧化还原介体大多有毒且易分解，如果不能够很好解决介体分解问题并处理好对环境的污染，微生物燃料电池的商业化道路还任重道远。在科研发展中，人们发现几种特殊的细菌，他们可以在不需要氧化还原介体就将电子传递给电极，产生电流，构成直接微生物燃料电池。直接微生物燃料电池中又分为微生物自身产生的可以作为氧化还原介体的物质来传递电子和微生物直接将电子传递给阳极两类。

（3）微生物燃料电池的应用现状

微生物燃料电池的主要功能是利用微生物发电，但是微生物燃料电池工艺进行改造之后也可以进行生物制氢。工农业污水中都含有大量的有机化合物可以作为微生物燃料电池的原料，当使用微生物燃料电池工艺处理城市污水时，消耗污水中有机物质产生的能量可以用于机器的电力消耗，实现自产自销，降低对外部电力的需求量。除了上述应用外，微生物燃料电池技术还可以通过测定生化需氧量用于分析检测污染情况。

微生物电池虽未达到广泛而大规模应用，大多数处于研制阶段，但人们非常关注它可能发挥作用的领域和重要的价值：由生物能转换成效率高、价廉、长效的电能系统；利用废液、废物作燃料，用微生物电池净化环境，而且产生电能；以人的体液为燃料，做成体内埋伏型的驱动电源，即微生物电池成为新型的体内起搏器；研制微生物电池自驱动高灵敏纳米光传感器；从转换能量的微生物电池可以发展到转换信息的微生物电池，即作为介体微生物传感器（mediated microbiosensor）。

5. 产油的微生物

生物柴油是一种重要的可再生能源，具有许多环境友好的特性，如含硫量低、更易被降解，并且不包含对环境造成污染的芳香族化合物。由于以植物油为原料生产成本高且产量有限，而以餐饮废弃油为原料也存在原料难以收集等问题，利用微生物油脂发酵成了一个重要的研发方向。

部分微生物在适宜条件下生产并储存的油脂含量占其生物总量的20%以上，具有这种特性的菌株一般被称为产油微生物。已发现的产油微生物包括酵母菌、霉菌、藻类和细菌等。

常见的产油酵母菌有产油油脂酵母（*Lipomyces lipofer*）、弯隐球酵母（*Cryptococcus albidun*）、浅白隐球酵母（*Cryptococcus albidus*）、斯达氏油脂酵母（*Lipomyces starkeyi*）、胶黏红酵母（*Rhodotorula glutinis*）、圆红冬孢酵母（*Rhodosporidium toruloides*）、苗芽丝孢酵母（*Rhodosporidium tomloides*），油脂含量可达菌体干重的30%~70%。

常见的产油霉菌有土霉菌（*Asoergullus terreus*）、紫癜麦角菌（*Claviceps purpurea*）、高粱褶孢黑粉菌（*Tolyposporium ehrenbergii*）、高山被孢霉（*Mortierella alpina*）、深黄被孢霉（*Mortierella isabellina*）等，油脂含量可达菌体干重的 25%～65%。

可产油的细菌有分枝杆菌（*Mycobaterium*）和棒状杆菌（*Corynebacterium*）等。但细菌油脂开发有一定难度，大多数产油细菌不产甘油三酯，而是积累复杂类脂，如磷脂与糖脂。另外，细菌油脂集中于细胞外膜上，给提取带来一定难度。

常见的产油微藻有葡萄藻（*Botryocladia leptopoda*）、杜氏盐藻（*Dunaliella salina*）、小球藻（*Chlorella vulgaris*）等，油脂含量为其干重的 26%～65%。

对微生物产油脂的研究已有半个多世纪的历史。国外对于微生物油脂的研究工作起步较早，最早可追溯到第一次世界大战期间，当时德国准备利用内孢霉属的某些菌种生产油脂，以解决食用油匮乏问题。随后美国、日本等也开始研究微生物油脂的生产。第二次世界大战前夕，德国科学家筛选到了高产油脂的斯达氏油脂酵母、黏红酵母属、曲霉属以及毛霉属等微生物，并进行规模化生产。后来发现利用微生物生产普通油脂成本太高，无法与动植物来源的油脂相竞争。有关微生物油脂的探索此后一度集中在获取功能性油脂，如富含多不饱和脂肪酸的油脂。1986 年，日本和英国等国家率先推出含微生物 GLA 油脂的保健食品、功能性饮料和高级化妆品等产品，微生物油脂实用化已迈出了第一步。进入 20 世纪 90 年代，特种油脂的发展越来越受人们的重视。Stewdansk 和 Radevan 分别筛选到产生花生四烯酸（ARA）的真菌，产生的总脂中 ARA 的质量分数达到 42%～55%。1996 年 Stredanska 等从 Pacificmarkarel 的肠内容物中分离到一株叫 SCRC-2378 的海生细菌，能产生一种多烯不饱和酸，即二十碳五烯酸（EPA），其质量分数达 24%～40%，被认为是 EPA 的一种新资源。研究者还发现，某些海藻和硅藻也能生产出较高产量的 EPA。

三、固碳微生物,碳的"终结者"

生物固碳是地球碳循环过程的重要组成部分,也是控制碳排放的有效方法。微生物固碳的方式有3种:异养固定、自养固定与兼养固定。异养微生物以有机化合物作为碳源和能源,在自身代谢过程中固定少量 CO_2。自养微生物利用光能或无机物氧化时产生的化学能同化 CO_2,构成细胞物质。兼养固定是微生物在利用光能吸收转化 CO_2 的同时,以有机碳作为补充碳源和能源的联合固定方式。

1. 自养菌

自养菌是一类能够利用简单的无机物质,如 CO_2、碳酸盐作为碳源,以及无机的氮、氨或硝酸盐作为氮源,通过无机化合物的氧化或光合作用获得能量,合成菌体所需的复杂有机物质的细菌。自养菌分为化能自养菌和光能自养菌两种类型。化能自养菌通过氧化无机物,如单质硫、硫化氢、氢气、亚铁化合物等,获取化学能,并用这些能量还原 CO_2,合成细胞所需的有机物质。光能自养菌则利用光能,通过光合作用,将无机碳转化为有机碳。常见的自养菌包括亚硝酸细菌、硝化细菌、硫细菌、氢细菌和铁细菌等。

(1)光能自养菌

光能自养菌能固定 CO_2 将无机碳转化为有机碳,因此是光合细菌。光合细菌又分为两大类,一类产氧,另一类不产氧。蓝藻含有真核藻类和绿色植物中普遍存在的叶绿素 a,以水为电子供体产生氧气,为产氧的光能自养型;而紫色硫细菌和绿色硫细菌等专性厌氧,它们以氢气、硫化氢和硫等为电子供体,不产生氧气,为不产氧的光能自养型。

(2)化能自养菌

化能自养菌是一类不依赖任何有机营养物即可正常生长、繁殖的微生物,

他们以 CO_2 为碳源，通过氧化无机物获得能量。

化能自养菌广泛分布于环境中，尤其在熔岩床、深海、地热泉和海底火山口等极端环境中大量存在，是生态系统中的初级生产者。它们能利用的无机物有硫化氢、单质硫、二价铁离子、二价锰离子、氢气和氨气等。这类细菌对维持地球上的氮、硫等元素的循环起着关键性作用。

按能够利用的无机物类型，化能自养菌通常被分为 4 类：硫氧化菌、铁氧化菌、硝化菌和氢细菌。

硫氧化菌通过氧化硫化氢、单质硫或硫代硫酸盐等含硫无机物最终生成硫酸盐获得能量。硫化物氧化酶、硫氧化酶和亚硫酸盐-细胞色素 C 还原酶在氧化含硫无机物的过程中发挥关键作用。代表属有细菌域中的硫杆菌（*Thiobacius*）和古菌域中的硫化叶菌（*Sulfolobus*）。在工业上，专性自养嗜酸硫杆菌（*Acidithiobacilus*）被用于金属的浸出与回收，而氧化亚铁硫杆菌被用于生物湿法冶金和生物脱硫等。铁氧化菌能够把二价铁氧化成三价铁从而获得能量，以 CO_2 为碳源合成有机物。铁氧化菌主要分为好氧铁氧化菌、厌氧铁氧化菌和硝酸盐型铁氧化菌 3 种类型。厌氧铁氧化菌在自然界中种类多且广泛分布于古菌域和细菌域，细菌域中有变形杆菌门、硝化螺菌门和厚壁菌门，其中以变形杆菌门为主；而古菌域只有广古菌门的铁球菌属。硝酸盐型铁氧化菌广泛存在于河流、湿地、深海沉积物、湖泊和水稻土等各种生态环境中，主要有脱氨硫杆菌、食酸菌和嗜热古菌等。

硝化菌是一类通过氧化氨气或亚硝酸生成亚硝酸盐或硝酸盐获得能量，并利用 CO_2 作为碳源的细菌。硝化菌细胞形态有杆状、球状和螺旋状，广泛分布于土壤、淡水和海洋环境，在氮循环中发挥巨大作用。此外，硝化菌对植物正常生长极其重要，因为它们产生的硝酸盐是植物可利用的氮源。代表属有硝化杆菌属（*Nitrobacter*）和亚硝化螺菌属（*Nitrosospira*）。这类微生物在氮循环和污水处理过程中发挥了重要作用。

氢细菌是一类利用氢气氧化固定 CO_2 的细菌，它能从氢气中获得能量和电子，驱动 CO_2 的还原。氢细菌种类很多，包括产碱菌属（*Alcaligenes*）、假单胞菌属（*Pseudomonas*）和副球菌属（*Paracoccus*）等。氢细菌是化能自养菌中生长较快的，它们不断吸收 CO_2 合成自身的蛋白质，存储在细胞内，完成有机碳的固定。据估计，1 千克蛋白质的合成需要消耗 2 千克 CO_2。这些蛋白质可以用作饲料，也是制造"人造肉"等食物的优质原料。另一方面，它们在生长代谢的过程中将一部分"碳"代谢成为乳酸（聚乳酸原料）、乙醇（聚乙烯原料）等化合物释放。这些代谢产物不仅可以作为生物燃料，也是制备多种可降解材料（如塑料）的原料，能够带来巨大的经济价值。氢细菌有望用来对污水进行处理以去除其中的硝酸盐和硫酸盐。

2. 捕碳"能手"，"藻"有作为

微藻也是微生物，通常是指含有叶绿素 a 并能进行光合作用的微生物的总称。微藻不是一个分类学的名词，而是泛指那些在显微镜下才能辨别其形态的微小的藻类群体。具有很强的碳捕集能力，是名副其实的固碳"能手"。

（1）什么是微藻？

藻是一类古老而低等的生物，其诞生可追溯到 35 亿多年前。人类对其认识也较早。藻类的概念古今有所不同，"藻"字在古文中泛指生长在水中的绿色植物，《说文解字》记载"藻，水艸也"。诗经《采蘋》有"于以采藻？于彼行潦（哪儿可以去采藻？就在积水那浅沼）"的诗句。曹丕（三国·魏）在《于玄武陂作诗》中也有这样的描述："萍藻泛滥浮，澹澹随风倾（浮萍和水藻池中飘满，风吹着它们东倒西歪）。"

现代分类学上对藻类的定义是：一类叶状植物（没有真正根、茎、叶的分化），以叶绿素 a 为光合作用的主要色素，能独立生活的自养原植体。"藻"是一类具有多种生命形态的生物，可以是单细胞或多细胞、原核生物（蓝细菌）或真核生物。

藻的种类繁多，各分类系统对它在"门"层级的分类也不尽一致，一般分为蓝藻门、裸藻门、金藻门、甲藻门、绿藻门、褐藻门、红藻门、轮藻门等。原核生物界中的藻类有蓝绿藻以及一些生活在无机动物中的原核绿藻。属于原生生物界中的藻类有裸藻门、甲藻门、隐藻门、金黄藻门、红藻门、绿藻门和褐藻门。而生殖构造复杂的轮藻门则属于植物界。

已知的藻类有 3 万余种，其中微小类群就占了 70%，即 2 万余种。

微藻资源的开发与应用给人类解决能源、健康、环境和粮食四大问题提供了一种新模式。在能源领域，微藻有望成为继粮食作物生物乙醇、纤维素生物乙醇和陆生作物生物柴油之后第三代生物质能源的原材料；在环境领域，微藻有大幅减排温室气体 CO_2 的潜力，同时在处理生活、工业、农业污水等方面具有广阔的应用前景；在食品领域，微藻可为人类提供大量单细胞蛋白质、植物油脂、类胡萝卜素等食品或食品添加剂；在医药卫生领域，微藻生物资源中存在新的抗生素、抗氧化剂、抗癌和抗病毒药物等成分。

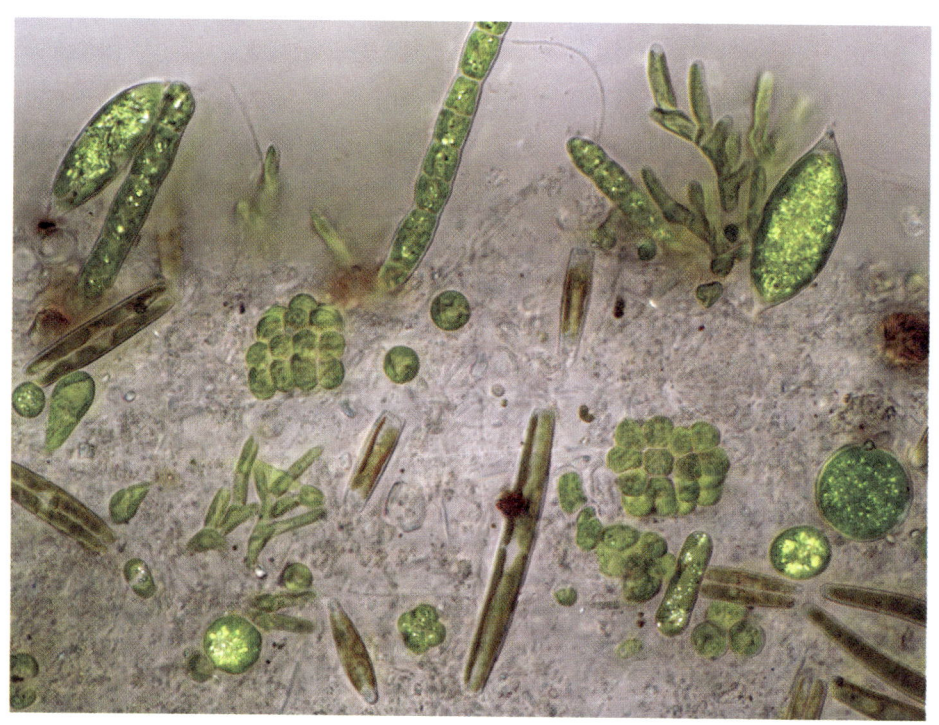

（2）微藻是怎么捕碳的？

藻类通过光合作用固定 CO_2，使之转化为碳水化合物，从而为水域生产力提供营养基础。海洋藻类是固碳的主力军，据统计，海洋浮游藻的总生产力估计每年为 31×10^9 吨碳。

光合作用通常是指绿色植物（包括藻类）吸收光能，把 CO_2 和水合成富能有机物，同时释放氧气的过程。其主要包括光反应、暗反应两个阶段，涉及光吸收、电子传递、光合磷酸化、碳同化等重要反应步骤，对实现自然界的能量转换、维持大气的碳－氧平衡具有重要意义。

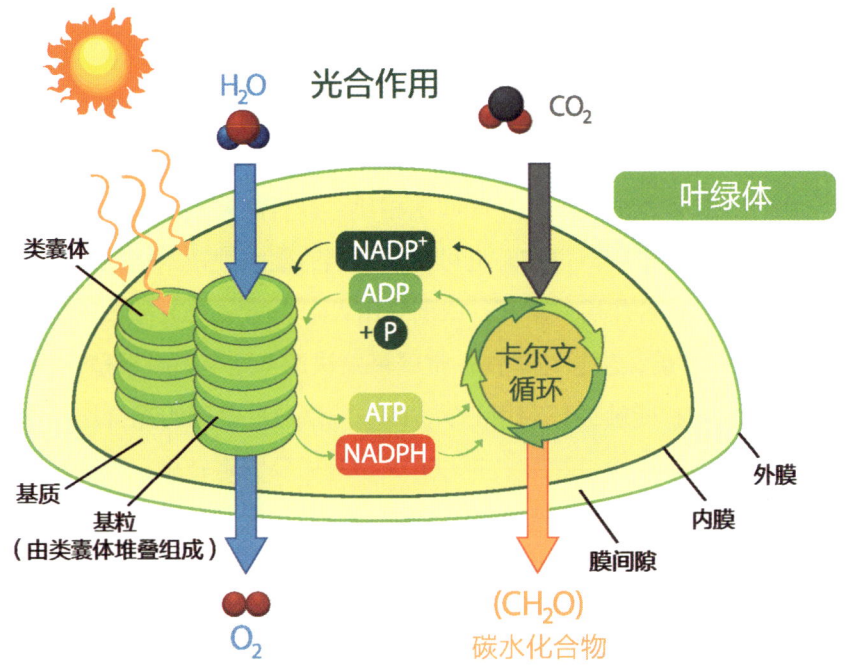

微藻光合作用的过程大体分为3步。第一步是，微藻细胞吸收阳光，细胞中的叶绿素、类胡萝卜素、藻胆素等色素将太阳的能量加以吸收和传递。其中叶绿素是光合作用的基础。阳光能量的传递过程是以诱导共振方式进行的，它有些类似声学的共鸣。当两个颜色相近的色素分子彼此靠近，就能发生光能的传递。植物所吸收的光能都汇集到叶绿素中少数作用中心，它们把光能利用起来。第二步是，将吸收到的光能转变为化学能。叶绿素可利用得到的光能把水分解为氢和氧原子。其中叶绿素所起的作用是催化作用，这种作用也叫作"光分解作用"。这是日光的辐射能转变为化学能的方式，这时氧分子和氢分子所含的化学能，比产生它们的水分子所含的化学能要多。一般来说，水分子分解为氢和氧的条件是，通电或加温至2 000℃。而叶绿素在常温下就可以做到，而且它利用的是阳光的能量。第三步是，同化CO_2，使它变成有机物质。它的同化途径很复杂,是一个头绪众多的大循环,一般称为卡尔文循环。这个循环不但可以形成碳水化合物,而且一些支路可使光合作用所生成的中间产物直接转化为氨基酸、有机酸,进而用于合成蛋白质和脂肪等生物大分子。

(3) 微藻固碳的优点

微藻固碳,特别是光合自养条件下的固碳与转化,被认为是一种环境友好型较高的碳捕集技术。微藻作为一种高效固定 CO_2 的微小细胞工厂,与碳捕捉领域内最接近商业化的化学吸收法相比,具有能耗相对低、可直接转化为生物燃料等特点,同时更加贴近可持续发展的碳中性技术路径。微藻固碳的主要优点有:光合作用效率高,微藻利用太阳能固定 CO_2 的效率是其他陆生植物的 10~50 倍;生长速率快,微藻繁殖快速(几个小时繁殖一代),远远高于高等植物;能够循环利用 CO_2,CO_2 可以通过微藻的光合作用转化为生物能源,生物能源使用时产生的 CO_2 又可被微藻固定转化,因此该方法环境友好并具可持续性发展;环境适应性强,微藻能忍耐和适应多种极端环境,能够在沿海滩涂、盐碱地和沙漠等地培养,不占用耕地;能利用发电厂烟道

废气和其他工业尾气为无机碳源,并利用市政废水和工农业生产废水为营养源低成本培养微藻;能同时生产具有高附加值的微藻产品,用于制备食品、动物及水产养殖饲料、化妆品、医药品、肥料、有特殊用途的生物活性物质及生物燃料(包括生物柴油、生物氢、甲烷)等。

(4)怎么养殖微藻?

培养微藻主要是利用光生物反应器。微藻光生物反应器一般有两大类,包括开放式光生物反应器和封闭式光生物反应器。开放式光生物反应器结构简单、成本低、操作方便,但易受污染。封闭式光生物反应器能够很好地控制培养条件、降低污染,从而相比开放式可以获得更高的生物量,但成本也更高,适合高附加值微藻的培养。

常见的光生物反应器有平板反应器、水平管反应器、螺旋管反应器、垂直管反应器和中空纤维膜反应器等。

(5)微藻的用途

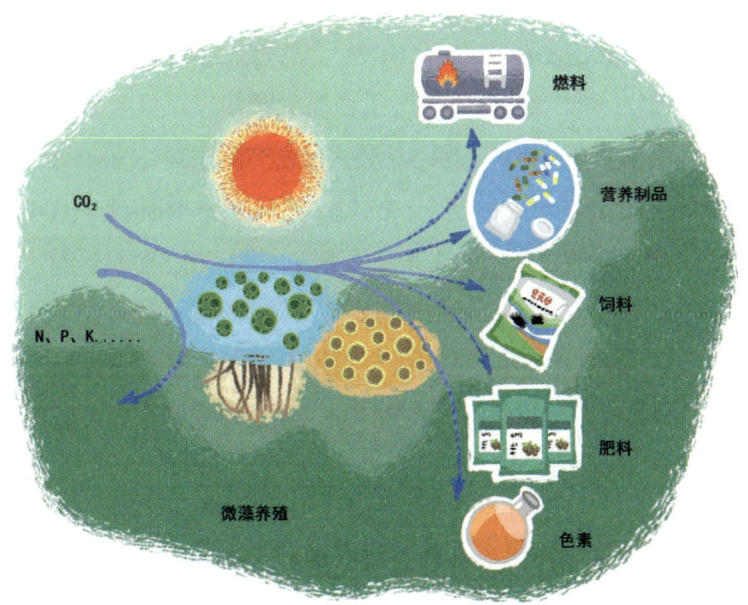

① 生物质能源

微藻自身生长特点使其在开发生物质能源方面有着良好的应用前景,微藻单位面积生物量大、光合效率高、固碳效果良好，可以作为生物质能源的原材料，在生物柴油制备、生物乙醇生产、生物制氢、生物产甲烷等诸多方面独具优势，在新能源开发方面极具发展潜力。

微藻中有很多藻种属于富油微藻，适用于生产生物柴油，一些单细胞光合微藻可积累相当于细胞干重 50%～70% 的油脂。微藻生物柴油相比普通柴油而言，氧、硫含量低，燃烧时产生的 CO 和硫化物较少，并且无芳香烃污染。此外，微藻作为生物柴油的原料，能够有效减少用于粮食生产的耕地压力。因此，微藻生物柴油被认为是极具潜力的环保型化石燃料替代能源。

微藻生物质可以提供碳水化合物聚合物，用于生产生物乙醇。微藻中碳水化合物多数以多糖、淀粉和纤维素的形式存在，尤其是能够在复杂的多层细胞壁中积累高含量的储存多糖，这使得微藻成为替代酿酒酵母生产生物乙醇优先选择。对各种微藻原料进行预处理，使部分碳水化合物得到降解，随后通过发酵用于生物乙醇的生产。

微藻也可以直接产生乙醇,且相比于利用生物质原料发酵生产乙醇更具有开发价值。微藻还可以产生乙烯,乙烯不仅可以作为合成乙醇的基本原料,也可以用于制造多种工业产品。另外微藻也可以用于产氢,也可以用作发酵生产甲烷的原料。

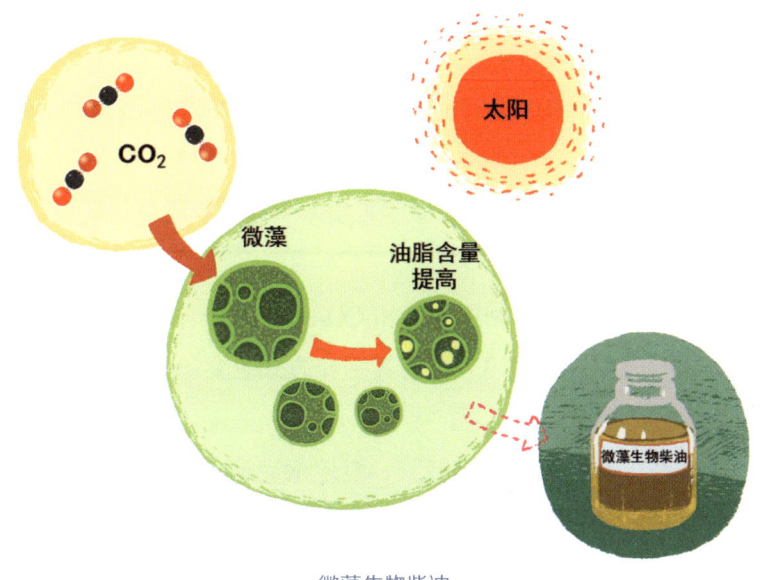

微藻生物柴油

②食用

微藻的食用历史非常悠久,螺旋藻作为食物可以追溯到几千年前,在9世纪的卡内姆－博尔努帝国,就有居民从乍得湖中采集螺旋藻作为食物。人工培养微藻生物也由来已久,尤其在食物匮乏的年代,微藻一度成为优质的蛋白质原料。在20世纪50年代初期,由于第二次世界大战,全球食物短缺,人们用藻类来补充蛋白质。目前小球藻商业化生产已有30多年的历史。

在中国,人们虽然很早就开始食用微藻,但是微藻是进入21世纪后才逐步获得正式批准的食品资质。在2004年8月国家卫生和计划生育委员会发布的2004年第17号文件批准的食品里,钝顶螺旋藻和极大螺旋藻被正式批准可作为普通食品食用,开启了我国微藻食品原料的先河。之后随着对微藻研究的深入,更多的微藻获得新资源食品的认证。

近年来，人造肉作为一种更健康且更可持续的替代品被推出，用以缓解甚至克服对肉制品越来越多的需求。微藻是一种新型蛋白资源，有高蛋白含量以及各种营养物质，具有用于人造肉生产的潜力。

（6）微藻"明星"——"灌装的太阳"小球藻

小球藻（*Chlorella*）是一种生存了 30 亿年以上的单细胞淡水真核藻类，属绿藻门绿藻纲绿球藻目小球藻科小球藻属，由荷兰生物学家拜林克（Beijerinck）于 1890 年所发现。作为早期开发的真核微藻之一，小球藻具有营养价值高、生长快速、结构简单、易工业化集成等显著优点。小球藻细胞形态为球形或椭圆形，直径 3～12 微米，呈单生或聚集成群状生长。

①怎样培养小球藻？

小球藻可在自养条件下利用光能和 CO_2 进行生长，也可在异养培养条件下利用有机碳源进行生长繁殖。目前其培养方式主要包括开放式培养和封闭式培养。

开放式培养在敞开容器中进行，一般用水泥池，CO_2 可以采用人工供给或依靠与空气的自然交换，还可通过人工搅拌溶解空气中的 CO_2 进入容器的方法来补充。

封闭式培养主要有密闭发酵罐和玻璃管道光合生物反应器培养，离心式水泵搅拌或气升式搅拌，补加无机营养液或有机营养液及 CO_2，产量约为开放式培养的 10 倍。虽然封闭式培养设备成本高，但便于控制，能抗污染，产率较高，生物系统的稳定性好，质量和产量也较稳定。

②小球藻能吃吗？

答案是肯定的，小球藻具有一定的营养价值，还具有一定的保健功能。

小球藻蛋白质含量很高，是一种品质优良的植物蛋白源。小球藻粉中蛋白质含量可达 63.36%～63.98%，优于其他植物性蛋白源，接近鱼粉及啤酒酵母的蛋白质水平，这比大豆粗蛋白的含量还要高。

小球藻含有 18 种氨基酸，其中包括 8 种人体必需氨基酸。以谷氨酸、天冬氨酸、亮氨酸含量较高，胱氨酸含量较低。氨基酸总量达到 55.95%，其中必需氨基酸含量达 23.35%。小球藻粉中的必需氨基酸含量高于我国主要饲料肉粉（16.46%）、大豆饼（12.64%）、花生仁饼（9.81%）、苜蓿草粉（5.81%）、玉米蛋白饲料（5.81%），接近优质鱼粉（23.97%）和啤酒酵母（23.70%）。

小球藻蛋白质含量丰富，氨基酸种类全并且比例接近标准模式，完全能满足人、动物的生长所需，是优良的单细胞蛋白源，可以作为营养强化剂应用于食品产业，应用时应注意与蛋氨酸、胱氨酸以及苏氨酸的配合，通过氨基酸的互补进一步提高其营养价值。

③小球藻生物柴油

微藻生物柴油有很大的发展前景，具有其他生物柴油不可比拟的优势，小球藻是目前研究较深入、非常有吸引力的用于生产生物柴油的微藻藻种，是优质的生物柴油原料。

小球藻细胞内油脂累积可高达 55%，并且主要油脂成分为含有 C16、C18 脂肪酸的甘油酯，与大豆等植物中提取的油脂成分相似，酯化后得到的脂肪酸甲酯燃烧性能与石化柴油极其相似。

小球藻生物柴油主要由亚油酸甲酯、亚麻酸甲酯和棕榈酸甲酯组成，所占比例分别为 77.83%、10.71% 和 5.27%；小球藻生物柴油的黏度满足 0# 车用柴油国家标准，其密度和十六烷值比 0# 车用柴油略高，热值比 0# 车用柴油略低；小球藻生物柴油的密度、黏度和十六烷值均满足 B5 柴油国家标准，其热值与 0# 车用柴油相当，可作为车用柴油的替代燃料。

（7）微藻"明星"——可以美容的雨生红球藻

雨生红球藻（*Haematococcus pluvialis*）隶属于绿藻门（Chlorophata）绿藻纲（Chlorophyeeae）团藻目（Volvoeales）红球藻科（Haematoeoeeaceae）红球藻属（*Haematocoeeus*）。雨生红球藻是生活于淡水中的单细胞绿藻，是公认的虾青素含量最高的生物，高达 4%，在营养匮乏或外界刺激条件下积累虾青素，藻体颜色由绿色逐渐变成红色。

雨生红球藻细胞形状主要有卵圆形与近椭圆形两种形态，宽为 19～51 微米，长为 28～63 微米。雨生红球藻主要分为游动细胞与不动细胞两种状态，游动细胞近椭圆形，前段窄小，具有 2 条等长的鞭毛与 1 个位于原生质体与细胞壁的分离区内的外周胞质空间，在分离区具有辐射状原生质束；细胞受到胁迫条件刺激后游动细胞开始向不动细胞发生转变，细胞形态由近椭圆形变为卵圆形，鞭毛消失，细胞不游动，细胞变大，细胞壁变厚，细胞由绿色从中央开始逐渐变为红色，积累虾青素。

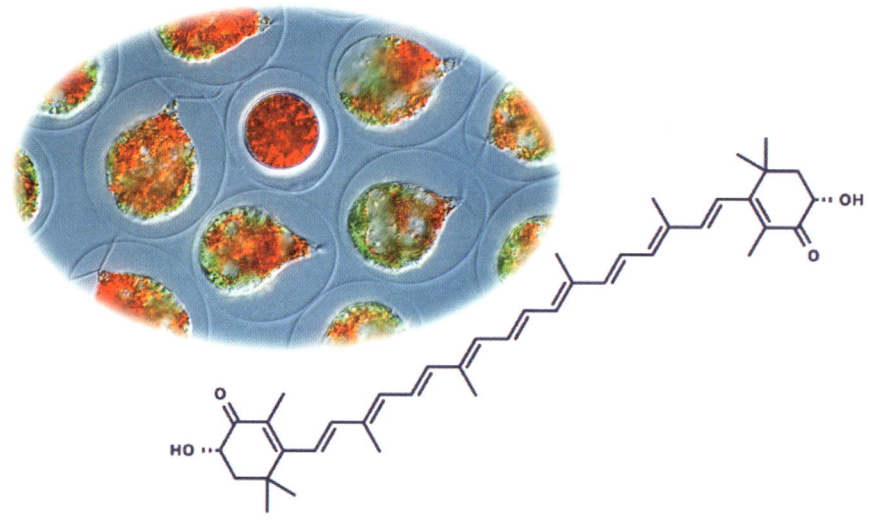

雨生红球藻与虾青素

① 雨生红球藻的发现

雨生红球藻因富含虾青素而被人们所熟知，而虾青素最早发现于 19 世纪加拿大布雷顿角岛上的布拉多尔湖。布拉多尔湖属于寒带天然咸水湖，含盐量极高，在如此恶劣的条件下，空中鸟无踪，小鱼绝迹，似乎任何生物都无法生存。但是让探险科学家们惊奇的是，在这样一个生物绝迹的湖中居然存活着一种红色的"小虫子"。到底是什么神奇力量让这种"小虫子"在如此恶劣的条件下得以存活呢？这引起了探险科学家的兴趣。随后，科学家们对这个神奇的物种进行了深入研究，发现它们红色的体液是一种抗氧化物质虾青素，它是自然界迄今为止发现的较强的抗氧化剂，其抗氧化功效是天然 ß- 胡萝卜素的 10 倍、天然维生素 E 的 550 倍。正是这种红色的虾青素保护了它，使其耐高盐碱，白天抗辐射，夜晚抗冰冻、耐严寒而得以生存下来。

20世纪初,科学家们又发现了红色虾青素的更好来源——雨生红球藻。雨生红球藻是虾青素含量高的微藻,也是所有已知的虾青素合成生物体积累量高的物种。这种神奇的藻类含有天然强抗氧化剂。

②雨生红球藻的养殖

作为一种真核微藻,雨生红球藻除了能利用CO_2、碳酸盐或碳酸氢盐为主要碳源进行光合自养生长外,还能在有机碳源存在的条件下进行混合营养或异养生长。与传统的光合自养生长模式相比,在微藻基础培养基中添加适宜浓度的有机碳源(例如,乙酸钠或葡萄糖)可使藻细胞处于混合营养模式,即光合作用和有机碳的氧化代谢同时存在,可显著促进雨生红球藻细胞的生长,并能促进脂质和虾青素的合成,是一种较为理想的培养模式。当然,雨生红球藻是否具备混合营养或异养生长能力,与藻株品种本身的遗传特性直接相关,对不同有机碳源种类的利用及其浓度耐受性也存在较大的种间差异。

③雨生红球藻的综合利用

雨生红球藻具有极高的综合利用价值。从资源利用价值最大化的角度考虑,应依据生物炼制理念,对雨生红球藻的胞内外活性物质进行集成化、全链条开发利用,实现其经济价值最大化。采用光合自养或光合自养与混合营养相结合的营养模式,通过2步培养法(绿色营养细胞培养—刺激转变为红色孢囊)可获得藻细胞密度、虾青素和其他生物活性物质含量较高的雨生红球藻细胞。藻细胞经过采收、破壁、干燥后可直接作为原料,开发制成功能饲料添加剂、化妆品辅料、畜禽或水产饲料添加剂等;此外,也可用雨生红球藻粉为提取原料,通过集成分离纯化技术,分别制得高纯度的虾青素、脂质、藻蛋白和多糖,应用于医药保健、功能食品、化妆品、功能饲料和生物能源等行业,实现雨生红球藻资源的最大化、高值化利用。

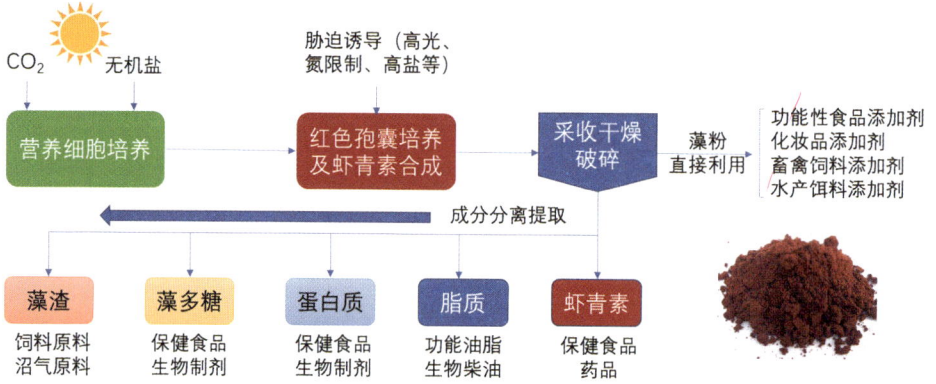

有研究表明雨生红球藻的比生长速率、最大干重增长速率、油脂百分含量和油脂生产速率高于小球藻和栅藻等其他藻类，作为生物柴油原料的潜力巨大。经改良后的雨生红球藻可以在 15% 的 CO_2 浓度（一般燃煤电厂烟气中的 CO_2 浓度）下良好地生长，积累更多的油脂。

（8）微藻"明星"——古老的蓝藻

蓝藻也称为蓝细菌，为单细胞或单细胞集成群体，仅具核质，没有核膜和核仁。蓝藻细胞内含叶绿素、藻蓝素、类胡萝卜素，有的还含藻红素。藻体因所含色素的种类和含量不同而呈现不同的颜色，一般为蓝色。繁殖方法主要为细胞分裂，无有性生殖。适应性极广，主要分布于淡水，部分生活于海水或附生于土壤、岩石、树干、树叶上，有些种类甚至能生活于温泉或严寒极地。蓝藻是古老的生物，蓝藻化石最早出现于前寒武纪，在世界许多地区的不同时代的地层内均有发现，迄今最古老的化石记录是发现于澳大利亚西部距今约 35 亿年前瓦拉伍纳群（Warrawoona Group）的蓝藻化石。在约 30 亿年前，地球本是无氧的环境，使地球由无氧环境转化为有氧环境是由于蓝细菌出现并产氧所致。人们从前寒武纪地壳中发现的大量由蓝藻（如螺旋藻）生长形成的化石化的叠层岩（约 30 亿年）及 27 亿年黑色页岩中代表蓝藻存在的分子化石（生物标志物）中得到证实。蓝藻是重要的光合自养微生物，可利用太阳能将 CO_2 转化成有机物，且具有营养需求低、生长迅速以及遗传背景简单等优势。蓝藻的常见种类有蓝球藻、颤藻、念珠藻、鱼腥藻、螺旋藻、微囊藻等。

①螺旋藻的发现

地质考察发现在35亿年前地球上就有螺旋藻的踪迹。1872年德国生物学家Turpin根据化石辨别了螺旋藻的形态，将其命名为螺旋藻（*Spirulina*）并归入颤藻科。但由于当时Turpin未进一步分析螺旋藻的营养成分，因此螺旋藻并未得到重视。

1931年，科学家发现东非沙洲盐碱湖旁栖息的火烈鸟主要以捕食湖中的螺旋藻为生，并鉴定该藻种为钝顶螺旋藻（*Spirulina platensis*）。1940年，Dangeard报道了乍得湖畔居民采集湖面螺旋藻群集结成的藻膜，滤去水分后铺在灼热的沙滩上晒干储备为粮食，并追溯这个民族世代均有食用螺旋藻的习惯。1965年，法国探险队再次来到非洲，主要是寻找25年前所发现的"螺旋藻"，由于当时非洲时局动荡，历经艰险后才在一处浅水湖中找到"螺旋藻"，并且和土著人一样食用后发现，螺旋藻不仅能果腹，而且还能使身体从

疲惫中迅速恢复活力。分析发现：螺旋藻蛋白质含量高达60%以上，且含有人体所需的8种氨基酸，是肉类的数倍；螺旋藻内维生素B_{12}含量是目前已知动植物中最高；螺旋藻中胡萝卜素含量较高，是胡萝卜的15倍；螺旋藻中γ-亚麻酸及其他不饱和脂肪酸含量高达17%。这一发现立即引起了藻类学家、营养学家的重视。美洲墨西哥Texcoco湖畔的土著居民阿兹特克人，也以蓝绿藻为食。经鉴定，其品种与钝顶螺旋藻基本相同，被命名为极大螺旋藻（*Spirulina axima*）。这个部族人身体非常好，且有惊人的体能表现，说明食用螺旋藻有良好保健意义。

②螺旋藻的生物学特征及分布

已发现而有记载的螺旋藻有35种，其中钝顶螺旋藻和极大螺旋藻是最具有开发价值的品种。螺旋藻藻体为单列细胞构成无分支、无异性胞的丝状体，通常呈蓝绿色，藻丝体具规则的螺旋状卷曲结构，整体可呈圆柱形、纺锤形或哑铃形；藻丝两端略细，末端细胞钝圆或具帽状结构；通常无鞘，偶具薄而透明的鞘；细胞呈圆柱状；细胞间有明显横隔，横隔处无或不具明显缢缩。螺旋藻在显微镜下观察体形呈螺旋状，但螺旋参数存在一定的种间差异，藻丝长度在50～500微米，直径在6～12微米。此外，螺旋藻还可转变为不同螺旋度的螺旋形，甚至是直线形。螺旋藻无核膜与核仁，胞质中含有液泡、核糖体、脂肪滴和与细胞壁垂直排列的多面体，其表面有色素颗粒。

螺旋藻对生长条件要求严格，光照、温度、水质等都需要在特定的范围内。螺旋藻主要分布于热带、亚热带地区淡水及盐碱性湖泊中。全球有

3万多个湖泊，但碱水湖的数量较少，适宜螺旋藻生长的碱水湖（pH值大于8.6）更是稀少，全球能够达到这个标准的只有3个湖泊：第一个是墨西哥的Texcoco湖，第二个是非洲乍得湖，第三个是中国的程海湖。程海湖是中国唯一的螺旋藻天然产地。

③螺旋藻的培养

开放式培养系统由于建造和运行成本比封闭系统低，被广泛用于微藻的大规模商业生产。天然潟湖、跑道池和圆形池、倾斜系统和滚道式水循环池塘都属于开放系统。这种系统具有以下优点：易于清洗和维护；直接暴露在阳光下；溶解氧积累量低。然而，开放式生物反应器的生物产量取决于气候条件，相对来说这种生物反应器被其他微生物污染的可能性较大，同时也会对微藻的光合作用和 CO_2 转化率产生直接影响。

与开放系统相比，封闭系统具有良好的控制条件（如pH和温度），并能提高微藻的光合作用效率和生物量生产力，而且安装面积较小，能减少水分蒸发的速率也能更好地控制 CO_2 含量，受其他微生物污染的风险低。但是，封闭系统的建设成本和运行成本都很高，很难扩大规模。

④螺旋藻在固定 CO_2 上的作用

螺旋藻相较于其他微藻种类（例如小球藻和微拟球藻等）具有生长速率极快，采收周期短以及主要利用碳酸氢根作为外加碳源的特点。而螺旋藻培养过程中会不断产生 OH^- 到培养液中，因此，螺旋藻培养液中 CO_3^{2-} 质量浓度会逐渐增高。若将含体积分数为99%的 CO_2 的煤化工厂烟气通入螺旋藻培养液中，则可直接产生高质量浓度 HCO_3^-，用于螺旋藻的培养。有研究表明，在以电厂烟气 CO_2 为碳源的培养条件下，螺旋藻生物质质量浓度可以达到1.59克/升，明显高于普通小球藻、斜生栅藻与聚球藻。

⑤影响螺旋藻固定 CO_2 的环境因素

和其他光自养生物一样，螺旋藻细胞具有叶绿体，可以通过光合作用将自然界的光能转化为自身的化学能。光源波长、光照时间和光照强度对螺旋藻的生长速度和组分影响较大。螺旋藻在25 000~30 000勒克斯的光照强度下，生长速率最大。

云南程海湖

温度是影响微藻生长及固碳的重要因素之一。每一种微藻都有其生长的最佳温度，温度过低或者过高均会影响其生物量的积累和固碳效率。生长过程中低于最适温度时，微藻的代谢变缓，导致电子传递速率及能量扩散速度降低，进而影响其对高光强的耐受力。螺旋藻的生长环境为20～37℃，温度太高或太低均会对螺旋藻的生长产生不利影响。在低于17℃时，螺旋藻虽然增长率很低（几乎为零），却能保证自己的存活；而高于38℃时，螺旋藻的生长就会受到抑制。

微藻在进行光合作用的过程中，需利用光合色素，将CO_2和水转化为有机物，供自身生长所需，因此CO_2是微藻生长必不可少的营养物质之一。当CO_2浓度较低时，微藻生长受到抑制；过高的CO_2浓度又会导致培养液中溶

解态的 CO_2 浓度较高，引起 pH 值下降，改变藻体的生长环境，抑制藻体自身的新陈代谢。

螺旋藻生长的适宜 pH 值为 8.3～10.3。螺旋藻培养过程中培养液的 pH 值会出现上升现象，这是因为培养基中的 $NaHCO_3$ 被利用，HCO_3^- 为其主要碳源，反应 $HCO_3^- \rightarrow CO_3^{2-} + OH^-$ 引起培养液 pH 值变化较大，导致螺旋藻生长速率减小；培养基中 pH 值的改变使螺旋藻吸收培养基中营养成分的能力降低，从而影响螺旋藻的生长。

第四章
未来的超级"帮手"

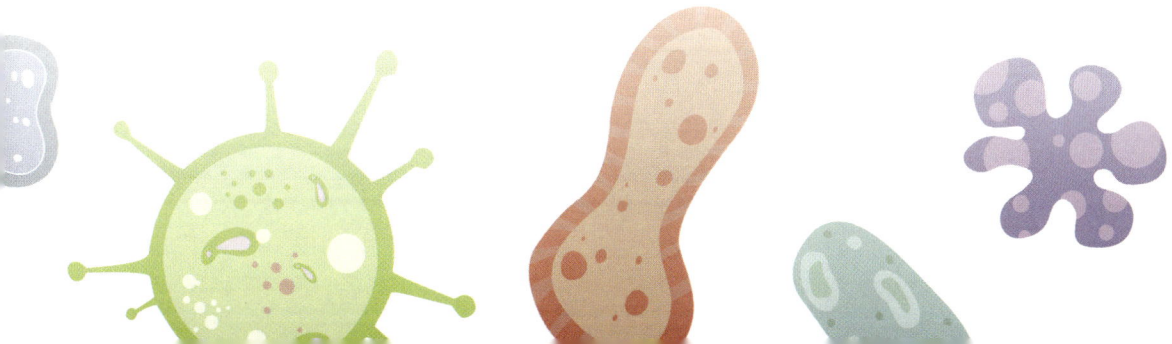

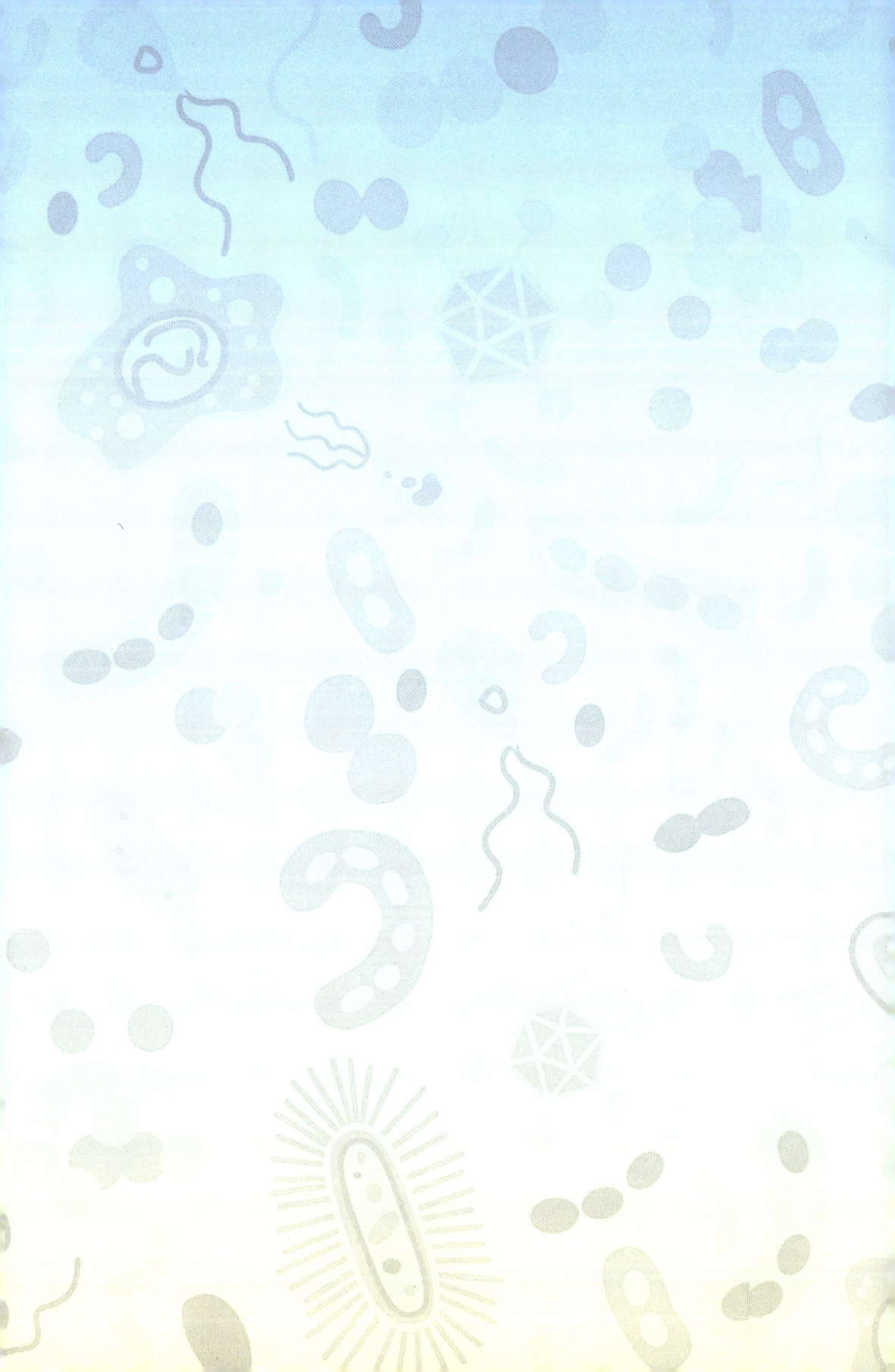

一、新物种、新途径

地球上约有 500 万到 1 000 万种不同的微生物物种，但目前只有约 1% 已被发现和描述。随着研究技术的发展，越来越多的微生物被发现，其中有大量的固碳和转化碳的新微生物物种，一些碳固定、碳转化新途径也被发现。

1. 微生物固碳新途径

（1）超酷的"碳沉没"微生物

2022 年，澳大利亚研究人员发现了一种叫作 *Prorocentrum* cf. *balticum* 的新型海洋微生物，它不仅能进行光合作用固定 CO_2 获取能量和养分，还能捕食其他微生物。神奇的是，它的捕食机制也参与了碳固定（碳螯合机制）。首先，这种海洋微生物利用光合作用产生由黏液组成的富含碳的外聚物（称为"黏液圈"），该外聚物能够吸引并捕获周围的微生物。然后，它将这些"猎物"固定在黏液圈上并吃掉它们（异养消耗）。被它食用后的"猎物"残渣使黏液圈变重，于是它就会丢弃这个"包袱"。这个"包袱"由于重力作用会不断下沉至海洋深部。研究人员估计这些单细胞生物每年能够使 0.02 千兆~0.15 千兆吨的碳下沉。2019 年，美国国家科学院、工程院和医学院发现，到 2050 年，每年需要去除约 100 亿吨 CO_2 才能达到设定的气候目标，而这些神奇的海洋微生物可能是帮助我们实现这一目标的秘密武器。

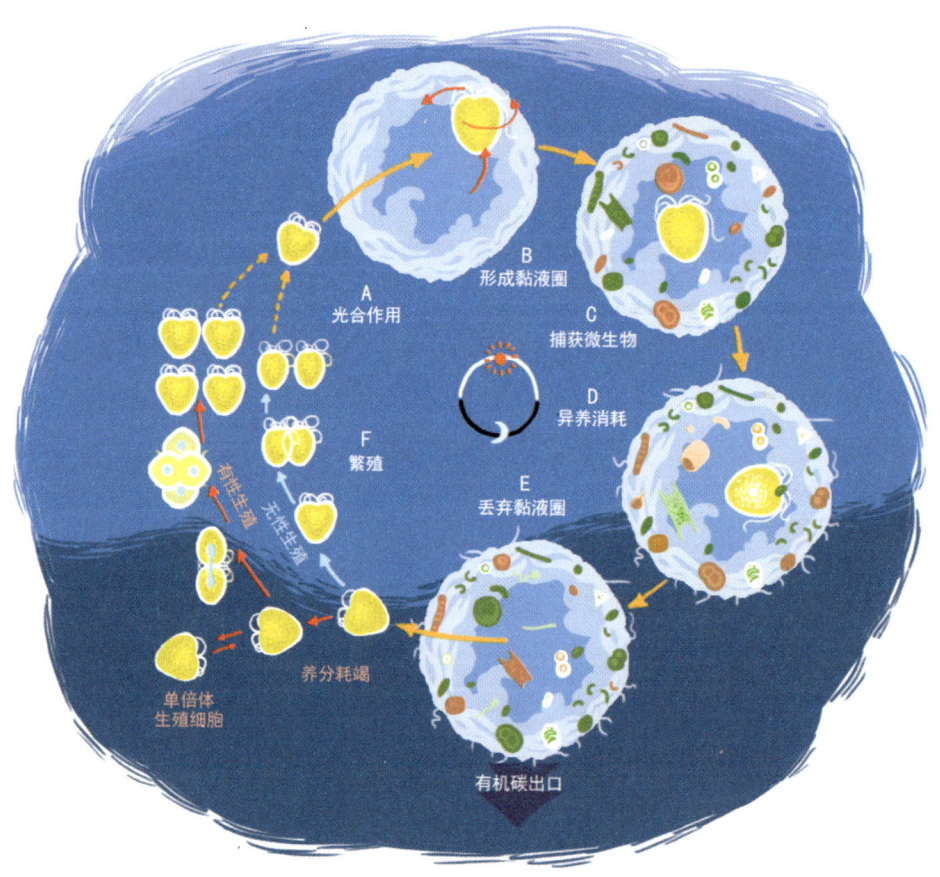

（2）"吃电子"的固碳细菌

Rhodovulum sulfidophilum 是一类光能营养型细菌，在淡水湖泊和海洋中都有广泛的分布，它可以通过光合作用固定 CO_2 获取养分。不同于其他光合细菌和植物，用于 CO_2 还原的电子主要从外部环境获得。它们喜欢生活在含铁矿物质丰富的沉积物区域，在那里它们把含铁化合物当作"肥料"，通过不断氧化低价铁获得电子。它拥有一套强大的外部电子捕捉系统，由一系列电子转运蛋白组成，是完成细胞外电子摄取的关键。这些电子会源源不断地流入发生光合作用的膜蛋白质区域，驱动 CO_2 还原为有机碳分子。奇妙的是，研究人员发现当它们的固碳能力被删除后，它们"吃电子"的能力几乎丧失殆尽（下降 90% 以上）。这表明，它们吃的电子几乎都用于固碳，吃电子促

进了固碳作用。研究还发现，它们可以吸附在人工电极上，并继续从电极上搬运电子进入细胞用于固碳，它们真是没有辜负这种天生的超能力。这位"贪吃电子"的"固碳劳模"为人类的固碳工具箱又添了一件利器。

（3）热泉中固碳的嗜热古菌

嗜热古菌（*Ignicoccus hospitalis*）是一种生活在极端环境下的古菌，具有独特的细胞结构和代谢特性。嗜热古菌的细胞壁组成独特，可能包含S层（surface-layer），这是一种细胞膜外的二维伪结晶态蛋白质覆层，广泛存在于各种古菌中。其细胞形态可能呈现多样化，如球形、杆状等。嗜热古菌通常生活在高温环境中，如大洋底部的高压热溢口、热泉等，对极端环境有着极高的适应性。二羧酸/4-羟基丁酸循环途径（DC/4HB）是近些年来在嗜热古菌中新发现的厌氧固碳途径，该途径以CO_2和HCO_3^-为底物，其关键酶包括磷酸烯醇丙酮酸羧化酶、丙酮酸合成酶和4-羟丁酰辅酶A脱氢酶。

（4）变形杆菌的反向甘氨酸裂解固碳

变形杆菌（*Candidatus Phosphitivorax*）基因组中有磷氧化和 CO_2 还原的基因，而缺少其他任何已知的天然固碳途径，据此提出了通过脱氧磷脂氧化将 CO_2 还原，然后通过还原性甘氨酸进行碳固定的途径。最近的研究证明该途径可以作为一种天然自养途径发挥作用，尤其在缺乏替代终端电子受体的环境中。该途径目前被发现于废水处理污泥中。

2. 产甲烷新途径

（1）*Methermicoccus shengliensis*——吃掉"煤炭"，吐出"天然气"

作为地球上最原始的生灵，古菌总能带给我们超乎想象的惊喜。我们无法靠吃土过活，然而有一种叫作 *Methermicoccus shengliensis* 的产甲烷古菌却能靠吃煤生存。日本科学家 Yoichi Kamagata 和 Susumu Sakata 实验发现它们能摄取煤炭中的甲氧基化合物（例如甲氧基苯甲酸），通过特殊的代谢途径最终将它们转化 CO_2 和甲烷（天然气的主要成分）。煤炭是由非常复杂的惰性含碳有机物构成的混合物，煤矿中微生物群落会首先将煤炭中复杂的分子变成结构更简单、分子量更小、更易"消化"的含碳化合物，包括含甲氧基的芳香化合物，从而成为 *Methermicoccus shengliensis* 的食物。接着，*Methermicoccus shengliensis* 会从周围环境中摄入这些甲氧基芳香化合物。不同于传统的产甲烷古菌，*Methermicoccus shengliensis* 拥有一套新型的甲基转移酶系统，它将激活这些甲氧基芳香化合物的甲氧基，这是它能够消化这类大分子碳化合物的秘密武器。随后，甲基转移酶系统会继续夺取其中的甲基部分并将甲基带入产甲烷代谢途径。最终，煤炭中的"碳"就被消化为甲烷和 CO_2 释放。

虽然煤炭已经为人所知并使用了数千年，但在工业革命前，其使用量一直受生产力的限制。随着蒸汽机的发明，煤耗急剧增加。2020年，煤炭提供了全球约1/4的一次能源和超过1/3的电力。然而煤炭的开采和使用破坏了环境，它是导致气候变化的最大人为 CO_2 来源。到2020年，燃烧煤炭排放了140亿吨 CO_2，占化石燃料总排放量的40%，占全球温室气体排放总量的

25%以上。作为全球能源转型的一部分,许多国家已经减少或削除了对煤电的使用。为了实现《巴黎协定》将全球变暖控制在2℃以下的目标,煤炭使用量需要在2020—2030年减半。因此,如果能利用这些爱吃煤炭的产甲烷菌群有序地将煤炭中的大分子分解转化成小分子,并将这些碳重新合成甲烷这样的气体分子,完成煤炭向天然气的转化,就不仅能实现碳的二次固定和转化,推动碳循环,也能得到源源不断的生物天然气能源。

(2)*Ca*. Methanoliparum——喝下"石油",排出"天然气"

对于一些产甲烷古菌而言,石油是它们最爱的"饮料"。有爱吃煤炭的,也有爱喝石油的,奇妙的微生物再次让我们惊呼。来自中国和德国的科学家,在全球的许多油田微生物群落中发现了一种叫作 *Ca*. Methanoliparum 的产甲烷古菌。培养实验发现,这类产甲烷古菌能够捕食链状、环状或芳香类烷烃,它们通过有序地降解和转化,最终变成甲烷和 CO_2。烷烃由几个至几十个碳连接而成,是石油的主要组分,通常非常稳定。*Ca*. Methanoliparum 展示了它惊人的消化能力，能把烷烃中的碳原子一个个地撕下来，这得益于它有一把锋利的刀——高催化活性的甲基辅酶M还原酶系统。该系统首先捕获并激活那些惰性烷烃分子，随后将它们被送入一个类似切片机的酶降解系统，长长的碳链会被切成"一片一片的吐司面包"，然后，这些小分子碳片会通过产甲烷途径被还原为甲烷和CO_2。

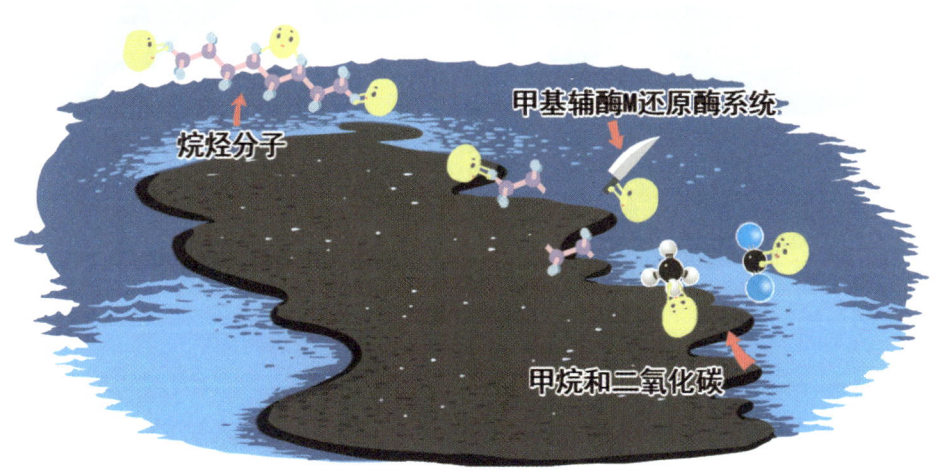

石油为现代工业的发展注入了源源不断的动力，但石油的开采、精炼和燃烧都会释放出大量的温室气体，因此，石油是气候变化的主要因素之一。石油带来的其他不利的环境影响包括石油泄漏，以及开采地点的空气和水污染等，这些对人类健康都有直接的影响。如果能利用这些爱喝石油产甲烷菌群有序地将石油中的碳基大分子分解转化成甲烷这样的气体分子，完成石油向天然气的转化，不仅实现了碳的转化，也能减小传统的物理和化学方法开采石油带来的环境污染问题。这种产甲烷古菌还可以在碳污染的治理上大展拳脚，比如面对海洋油田泄漏事件，它们能快速吃掉海上的油污。同时，与传统的嗜油菌相比，它们消化石油的过程中不需要大量地消耗水中的溶解氧，从而能减小对区域内其他生命体的影响。

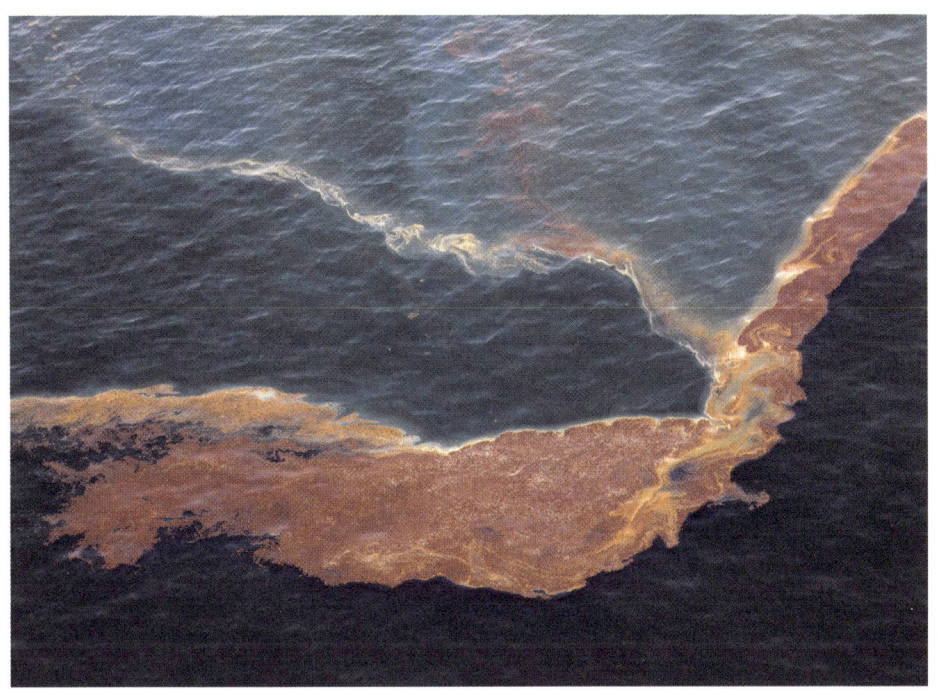

3. 其他新途径

微生物除了直接吸收 CO_2 生成糖分子外，还能产生甲醇、乳酸、脂肪酸、异丁烯、木糖醇等多种高价值有机物。因此，它们不仅能帮助人类缓解温室效应，还是名副其实的"细胞工厂"。

（1）甲烷氧化细菌——将温室气体转化为生物燃料

甲烷也是大气中主要的温室气体之一，并且它的温室效应比 CO_2 更强。微生物世界中有一类叫作甲烷氧化细菌的生命体能够帮助我们解决这个问题。甲烷氧化细菌通过氧化甲烷来为自己提供能量和合成细胞所需的物质。据估计，它们每年能消耗 3 000 万吨的甲烷，并将一部分碳代谢为生物燃料——甲醇。通常情况下，要将甲烷催化为甲醇需要高温高压条件，是一个极其耗能的理化过程。然而，甲烷氧化细菌却能在常温下完成这一反应。这得益于它们的细胞膜上有一种叫作颗粒甲烷单加氧酶（pMMO）的分子机器，能够巧妙地克服甲烷氧化过程中的能量壁垒。甲烷氧化细菌是利用甲烷为唯一碳源和能源生长的一种微生物，它可以把甲烷通过一系列反应氧化成甲醇、甲醛、甲酸，直至 CO_2，在反应过程中部分甲醛通过代谢途径转化为其他有机物。同时，这类菌还能摄取环境中的重金属元素，比如铜，用于构建自身复杂的酶催化系统，可以说是名副其实的"环保菌"。另外，甲烷氧化细菌还可以发酵生产单细胞蛋白，用于动物饲料。

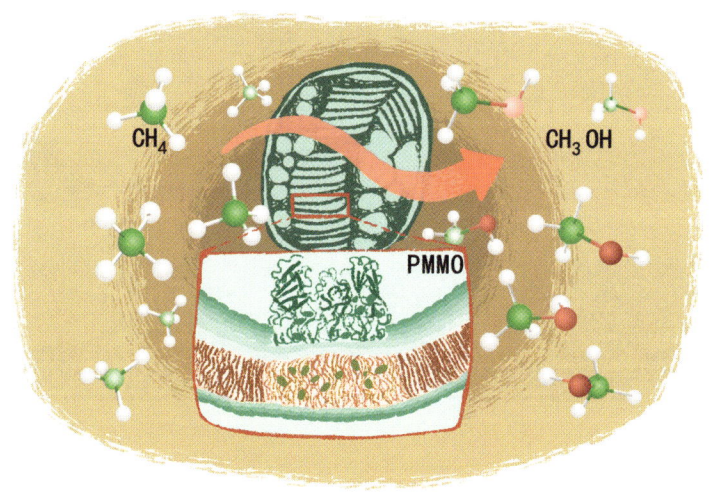

（2）产乙酸菌——有机酸和有机醇的生产者

利用微生物发酵一碳气体生产燃料和高值化学品，是实现碳资源回收利用和绿色生物制造的重要途径之一。产乙酸菌可利用 CO 或氢气为能量来源，通过 Wood-Ljungdahl 途径固定 CO_2，维持自身代谢，并生产乙酸、乙醇等高值产品。

合成气是在利用理化技术处理有机废料（例如秸秆）和化石燃料炼制时生成的主要产物，主要成分是氢气、CO_2 和 CO，也是温室气体的来源之一。产乙酸菌可以利用合成气作为碳源和能源，将其先经乙酰辅酶 A 途径转化为乙酰辅酶 A。然后，乙酰辅酶 A 进一步代谢为乙酸等有机酸或乙醇等有机醇，实现碳的固定和转化。在整个代谢过程中，一氧化碳脱氢酶（CODH）/乙酰辅酶 A 合成酶（ACS）蛋白复合体是关键酶，也是固碳阶段的引擎。目前发现的产乙酸菌多达 23 个属 100 个种，其中 *Clostridium ljungdahlii* 是研究最多的菌株。

二、超级固碳微生物的创制

尽管人类目前已经发现多种自然固碳途径,但相比理论可行的所有固碳途径,这仅仅是一小部分。因自然选择更偏向于生物所具有的机制支持自身生长发育和繁衍而非一味追求固碳效率。因此,许多在理论上具备更高效率的固碳途径,并未出现在大自然之中。合成生物学的发展,让人们可以自由地组合各种酶、生化反应和反应机理,从而设计出能够超越自然的人工 CO_2 固定途径。

1. 超自然固碳能力的细菌细胞工厂

德国马克斯·普朗克陆地微生物所设计出一条人工 CO_2 固定途径,并将其命名为 THETA 循环。研究人员不仅在体外环境中构建和优化了这一循环,更是将其以模块化的方式引入大肠杆菌之中。THETA 循环可用于构建体外 CO_2 转化平台,从而将 CO_2 转化为多种有用化学品,如生物燃料、生物材料以及高值化学品等。同时,THETA 循环还有潜力将大肠杆菌转化为自养型微生物,从而构建具有超自然固碳能力的细胞工厂。

该研究展示了一条新的人工 CO_2 固定途径——THETA 循环的设计与构建。该循环包含 17 步酶促反应,基于 2 种自然界中已知最高效的固碳酶:巴豆酰辅酶 A 羧化酶/还原酶(Ccr)和磷酸烯醇式丙酮酸羧化酶(Ppc),能将 CO_2 转化为中心代谢产物乙酰辅酶 A。该循环首先在体外被成功构建,经过理性设计与机器学习优化策略,其产量提高了百倍。接着,THETA 循环被分成 3 个模块并独立地引入大肠杆菌中。利用大肠杆菌代谢途径的可塑性,采用生长选择和/或 ^{13}C 同位素标记,3 个模块均被验证在宿主细胞中成功运行。这标志着在活细胞中构建复杂且高度正交的人工 CO_2 固定途径的第一步。

2022 年,碳回收公司 LanzaTech 和美国西北大学的研究人员合作,利用合成生物学改造一种梭菌 *Clostridium autoethanogenum*，可将包含 CO_2 在内的工业废气转化为两种有用的化合物——丙酮和异丙醇，以一个工业规模的先导性试验实现了化学品的负碳制造。

2. 微藻光驱固碳合成技术

微藻在全球光合作用、CO_2 固定及初级生产力中贡献卓著，也是一种前景巨大的合成生物学底盘细胞。微藻因其较高的光合作用效率，是构建"高效固碳工程株"的理想底盘生物。但微藻的光合作用系统只适应水域较低的 CO_2 浓度，而为了使其在固碳方面发挥更大的作用，需要进一步通过基因工程和合成生物学的方法对其现有的光合作用系统进行改造或新途径合成，使其适应生物反应器中的高浓度 CO_2 或烟气环境。

微藻光驱固碳合成技术本质上是人工对微藻细胞光合作用固定 CO_2 过程的应用和改造，在具体过程上则是通过设备、技术、环境条件对光驱碳流转化路线的引导、强化和重定向。

微藻是重要的太阳能驱动 CO_2 生物转化的生物，建立微藻叶绿体细胞器工厂是通过合成生物学手段实现"碳中和"的潜在途径之一。微藻叶绿体是碳同化以及后续碳水化合物、脂肪酸、天然色素、氨基酸等的重要合成器官，与高等植物细胞内具备多个相对较小的叶绿体不同，大部分微藻仅拥有一个占细胞体积 50% 以上的大叶绿体，更有利于获得纯净的株系，有望在食品、水产、医药、化学品、生物燃料等领域占据重要地位。

光驱固碳合成乙醇是最具代表性的蓝藻光合生物制造技术。乙醇并不属于典型的蓝藻天然代谢物，蓝藻产醇细胞工厂的构建需要通过向基因组中导入异源的丙酮酸脱羧酶并结合异源/内源醇脱氢酶的过量表达来实现。据报道，在过去的 20 多年间，通过蛋白、途径、底盘、工艺层面的系统优化，蓝藻产醇细胞工厂的效能得到有效提高，乙醇成为目前产量最高、产率最高、碳流分配率最高的蓝藻代谢工程产物。

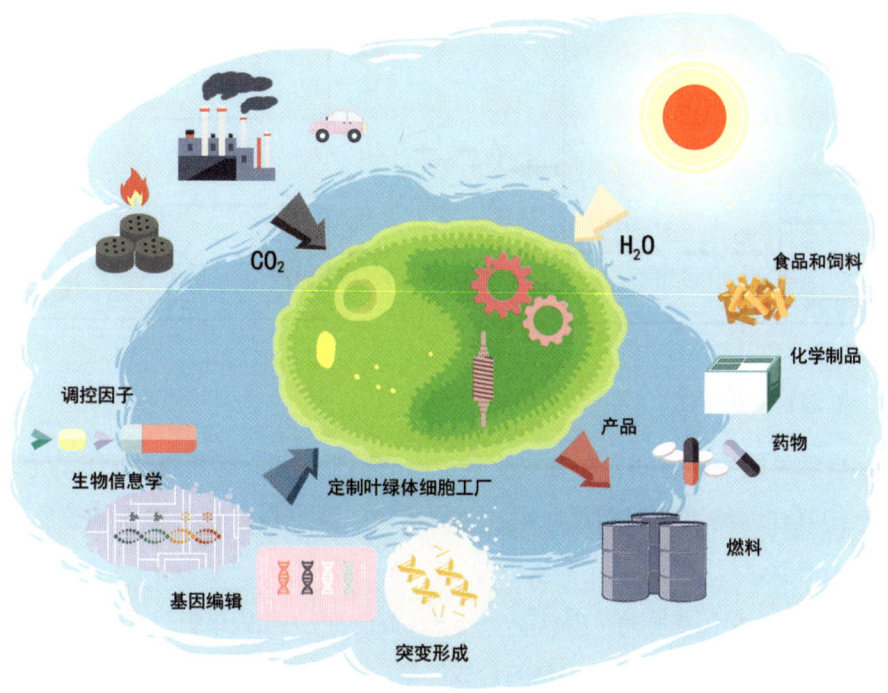

三、超强减污固碳组合

合成微生物群落是合成生物学的一个新兴前沿研究方向，综合了生态学、微生物学以及合成生物学等多个研究领域。合成微生物群落是由多种遗传背景清晰的微生物构成的人工系统，具有复杂度低、可控性高、稳定性强等优势，适用于工业生产、人类健康和环境修复等领域。

与单一微生物相比，一方面，合成微生物群落能更好地抵御环境波动和物种入侵，在一定程度上具有较高的稳定性；另一方面，合成微生物群落在建立高效的生物生产体系时更具有优势。首先它可以通过设计代谢通路，将复杂任务拆解并分配到多个菌株中，从而减轻单个菌株的代谢负担，提高整体生产效率。

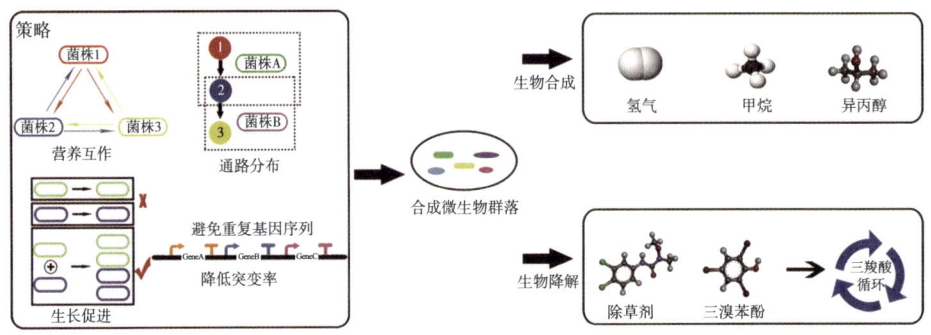

1. 菌-菌组合

自然界的生物之间存在着广泛且多样的相互作用，微生物之间也存在着复杂的互作网络，依据相互作用、空间协调、菌群稳定和生物遏制等原则，可以人工创建可以满足特定需求的稳定的菌-菌组合。

可利用恶臭假单胞菌（*Pseudomonas putida* DMP1）和假单胞菌（*Pseudomonas* sp GJ1）构建具有偏利共生关系的合成群落，以实现对甲酚和二氯乙醇的高效降解。其中，恶臭假单胞菌可以降解甲酚并形成生物膜以减少甲酚对假单胞菌的生长抑制，进而提升假单胞菌对二氯乙醇的降解效率。

合成微生物群落的设计和构建在木质纤维原料高效转化生物燃料方面作用显著。解纤维顶孢霉（*Acremonium cellulolyticus*）和酿酒酵母（*Saccharomyces cerevisiae*）组成的合成微生物群落显著提高了纤维乙醇的生产效率（1 克原料可以产生 0.18 克乙醇）。

由真菌 *Trichoderma reesei* 和细菌 *E. coli* 组成的合成微生物群落能够以木质纤维为原料合成异丁醇。*Trichoderma reesei* RUTC30 分泌纤维二糖水解酶 I（CBHI），纤维二糖水解酶 II（CBHII）和内切葡聚糖酶 I（EGI）可以预处理玉米秸秆形成可溶性糖，并进一步水解成葡萄糖而被 *E. coli* 代谢产生异丁醇。该微生物群落可以在定量动态模型指导下进行有效调控，并能够适应其他高值化学品的生产。

在生物塑料 PHA 生产方面，以蔗糖为唯一底物共培养枯草芽孢杆菌（*Bacillus subtilis*）与 *Ralstonia eutropha*，无需底物预处理或菌株改造即可实现 PHA 的高效合成。该合成体系通过代谢分工，节省了昂贵的前体物质。恶臭假单胞菌和酿酒酵母组成的合成微生物群落，利用木糖时 PHA 积累量远高于恶臭假单胞菌纯培养的积累量。

甲烷氧化菌可以以甲烷为碳源生产单细胞蛋白，但是单一菌种生长较慢，与其他菌种混合培养优势明显。混合菌培养中非甲烷菌可以为甲烷菌提供所需的影响因子，可以减少代谢过程中的副产物对甲烷氧化菌的抑制。甲烷氧化菌与氢氧化细菌、光合细菌、动脉瘤杆菌、农业短芽孢杆菌进行共培养提高单细胞蛋白的生产效率，非甲烷菌可以除去生物反应器中的有机碳、乙酸等，从而促进甲烷氧化菌的生长。

2. 藻-菌组合

微藻和细菌或真菌之间也可以组合，形成合成微生物群落，实现协同固碳减污和高值产品的生产。微藻可以通过光合作用产生有机物和氧气以维持细菌的生长，同时细菌为微藻的生长提供 CO_2，细菌还给藻类提供维生素 B_{12}、植物激素（如 IAA），二者实现稳定的共生关系。细菌产生的群体感应信号也可以被微藻响应，产生分泌蛋白等生理响应，形成共生体。

微藻可以和真菌，也可以和细菌形成稳定的共生关系，在污水处理、高值产品生物合成、生物能源等方面潜力巨大。目前关于藻-菌共生研究较多的是污水处理领域，尤其是污水处理厂的二级出水。但是在污水处理领域的藻-菌组合人都以藻类与菌群的组合为主，如活性污泥菌群，可控性有限。随着对藻-菌关系研究的深入，越来越多的藻-菌组合被应用于多个领域。

小球藻和真菌曲霉（*Aspergillus oryzae*）共生处理养猪场污水，氮磷和有机物的去除效果明显提高。在藻-真菌共生处理污水过程中，还存在一种共生关系，即真菌作为生物载体，起到将微藻固定、絮凝的作用。

小球藻和荚膜甲基球菌（*Methylococcus capsulatus*）共培养生产单细胞蛋白，可以把工业废水中的营养物质转换为单细胞蛋白，其蛋白质组成与传统的蛋白质来源相似，表明藻-菌组合产生的生物质可以替代传统的蛋白质作为不同动物的饲料成分。

在藻-菌共生处理沼液过程中，菌的存在明显提高了微藻的生物量和油脂含量。有些研究表明藻-菌共生还可以提高微藻油脂中不饱和脂肪酸的含量，从而提高生物柴油的品质。

莱茵衣藻与硫氧化细菌共培养可以提高莱茵衣藻的光合产氢效率和生物量。在绿藻制氢中，莱茵衣藻作为一种具有优良产氢性能绿藻，被认为是最具开发潜力的光合制氢绿藻藻株。但绿藻氢酶极易遇氧失活，造成其光合产氢的不可持续性、太阳能转换效率低等缺点，这在很大程度上限制了绿藻产氢的实际应用。通过藻-菌组合中的微生物来消耗绿藻光合作用所释放的氧气，造成绿藻产氢所必需的厌氧环境，同时还可以利用微生物的代谢作用为绿藻生长提供所必需的限制性营养（如硫源、氮源以及CO_2等），从而达到高效持续性产氢。

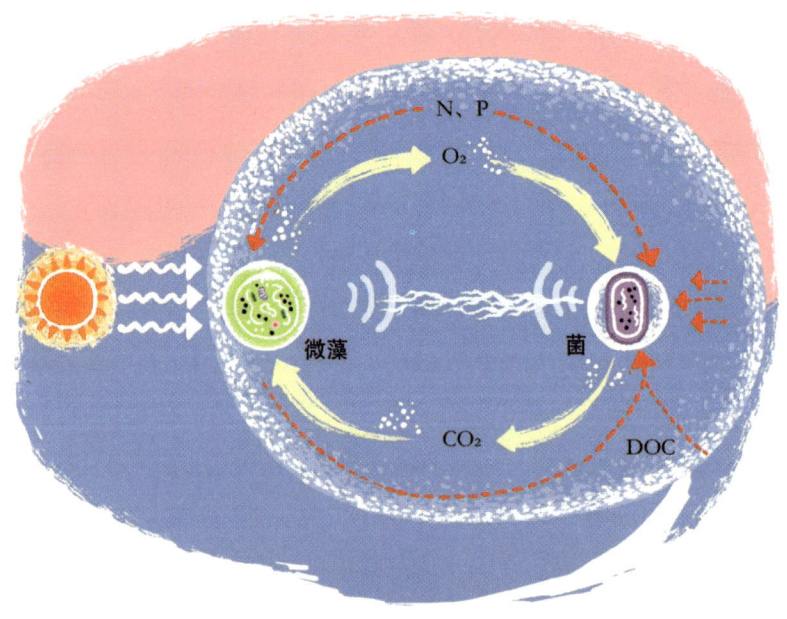

参考文献

孙韬, 张卫文, 胡章立, 等, 2022. 合成生物学助力碳中和: 新底盘、新策略与新技术 [J]. 合成生物学, 3（5）: 821-824.

王灿, 张雅欣, 2020. 碳中和愿景的实现路径与政策体系 [J]. 中国环境管理, 12（6）: 58-64.

徐昭勇, 胡海洋, 许平, 等, 2021. 人工合成微生物组的构建与应用 [J]. 合成生物学, 2（2）: 13. DOI: 10.12211/2096-8280.2020-062.

朱振, 田晶, 江静, 等, 2022. 微藻叶绿体细胞器工厂研究进展 [J]. 合成生物学, 3（06）: 1218-1234.

Aves A R, Revell L, Gaw S, et al., 2022. First evidence of microplastics in Antarctic snow[J]. The Cryosphere, 16（6）, 2127-2145.

Cheng L, Abraham J, Etrenberth K, et al., 2021. Upper ocean temperatures hit record high in 2020 [J]. Advances in Atmospheric Sciences, 38: 523-530.

Figueroa I A, Barnum T P, Somasekhar P Y, et al., 2018. Metagenomics-guided analysis of microbial chemolithoautotrophic phosphite oxidation yields evidence of a seventh natural CO_2 fixation pathway[J]. Proceedings of the National Academy of Sciences of the United States of America, 115（1）: E92-E101.

Hepburn C, Adlen E, Beddington J, et al., 2019. The technological and economic prospects for CO_2 utilization and removal[J]. Nature, 575（7781）, 87-97.

Huber H, Gallenberger M, Jahn U, et al., 2008. A dicarboxylate/4-hydroxybutyrate autotrophic carbon assimilation cycle in the hyperthermophilic Archaeum *Ignicoccus hospitalis*[J]. Proceedings of the National Academy of Sciences of the United States of America, 105（22）: 7851-7856.

Liew F E, Nogle R, Abdalla T, et al., 2022. Carbon-negative production of acetone and isopropanol by gas fermentation at industrial pilot scale [J]. Nature biotechnology, 40(3): 335.

Loeb N G, Johnson G C, Thorsen T J, et al., 2021. Satellite and ocean data reveal marked increase in Earth's heating rate[J]. Geophysical Research Letters, 48(13): e2021GL093047.

Luo S, Diehl C, He H, et al., 2023. Construction and modular implementation of the THETA cycle for synthetic CO_2 fixation[J]. Nature Catalysis, 6: 1228-1240.

Mayumi D, Mochimaru H, Tamaki H, et al., 2016. Methane production from coal by a single methanogen[J]. Science, 354: 222-225.

Larsson M E, Bramucci A R, Collins S, et al., 2022. Mucospheres produced by a mixotrophic protist impact ocean carbon cycling[J]. Nature Communications, 13: 1301.

Raghuraman S P, Paynter D, Ramaswamy V, 2021. Anthropogenic forcing and response yield observed positive trend in Earth's energy imbalance[J]. Nature Communications, 12: 4577.

Rosa E, Dietz T, 2012. Human drivers of national greenhouse-gas emissions[J]. Nature Clim Change, 2: 581-586.

Stéphanie J, Holland M, Iles D, et al., 2020. The Paris Agreement objectives will likely halt future declines of emperor penguins[J]. Global Change Biology, 26(3), 1170-1184.

Thompson R C, Olsen Y, Mitchell R P, et al., 2004. Lost at sea: Where is all the plastic?[J] Science, 304: 838.

Zhong Z P, Tian F N, Roux S, et al., 2021. Glacier ice archives nearly 15,000-year-old microbes and phages[J]. Microbiome, 9(1): 160.

Zhou Z, Zhang C J, Liu P F, et al., 2022. Non-syntrophic methanogenic hydrocarbon degradation by an archaeal species. Nature, 601: 257–262.

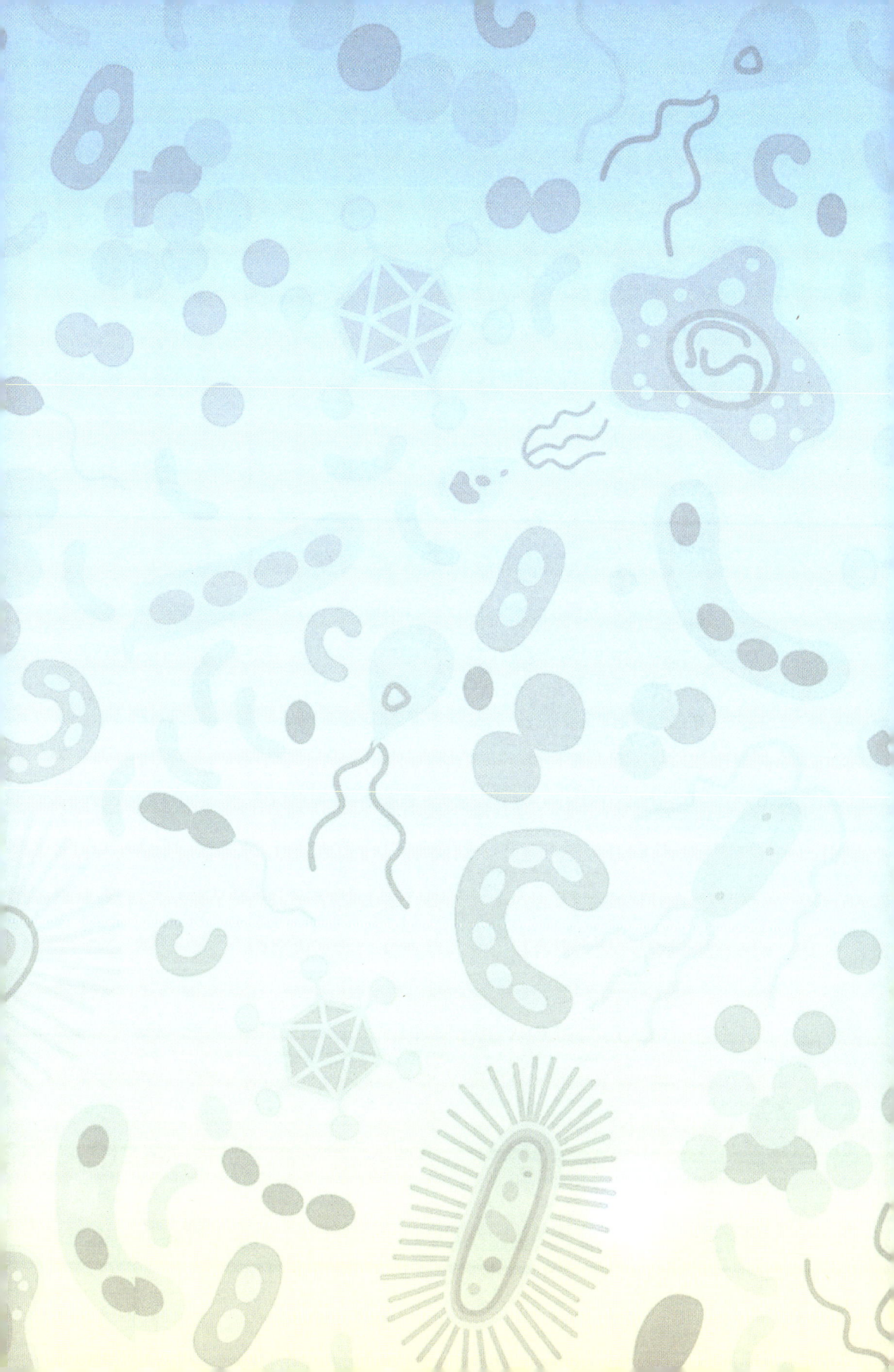